物联网协议体系与智能服务

任保全 祝幸辉 郭永安◎编著

Internet of Things Protocol Architecture and Intelligent Services

人民邮电出版社

北 京

图书在版编目（CIP）数据

物联网协议体系与智能服务 / 任保全，祝幸辉，郭永安编著. -- 北京 : 人民邮电出版社，2024.4
ISBN 978-7-115-63875-5

Ⅰ. ①物… Ⅱ. ①任… ②祝… ③郭… Ⅲ. ①物联网 Ⅳ. ①TP393.4②TP18

中国国家版本馆CIP数据核字(2024)第048678号

内 容 提 要

本书面向新一代物联网关键技术的创新发展与智能服务应用，将前沿理论与实践案例紧密结合，并介绍了团队在物联网领域研究的最新成果。

全书共 9 章，介绍了物联网的基本知识、协议体系和发展现状；讨论了当前的主流物联网平台、接入方法以及终端协议创新发展情况；介绍了物联网典型应用场景和面临的安全问题以及解决方法；从数据特征、服务模型、体系结构等角度对物联网的智能服务进行了阐述；讨论了面向智能服务的物联网协议设计方法；讨论了物联网发展存在的问题和未来的发展方向。

本书可作为高校研究生、政府工作人员、企业技术人员理解和学习物联网技术及其应用的重要参考书。

◆ 编　著　任保全　祝幸辉　郭永安
　　责任编辑　王　夏
　　责任印制　马振武
◆ 人民邮电出版社出版发行　北京市丰台区成寿寺路 11 号
　　邮编　100164　　电子邮件　315@ptpress.com.cn
　　网址　https://www.ptpress.com.cn
　　固安县铭成印刷有限公司印刷
◆ 开本：700×1000　1/16
　　印张：14.25　　　　　　　　　　　2024 年 4 月第 1 版
　　字数：263 千字　　　　　　　　　2024 年 4 月河北第 1 次印刷

定价：129.80 元

读者服务热线：(010)53913866　印装质量热线：(010)81055316
反盗版热线：(010)81055315
广告经营许可证：京东市监广登字 20170147 号

前　言

物联网将物理世界的人机物通过信息传感设备与网络连接起来，进行信息交互，实现万物互联，以实现精准识别和精细化管理。随着物联网与5G、大数据、云计算、人工智能等技术的深度融合，物联网应用边界不断拓展，通过面向行业/产业的大规模部署应用，可提供不同领域、不同区域的全方位感知和多样化服务。特别是人工智能赋能物联网，实现终端性能提升、分布式算力资源优化、规模化自主协作等，加速新一代物联网向智能化方向演进，满足智能化时代物理空间与网络空间的海量异构、泛在融合、自主群智的万物智联发展需求。协议体系是物联网应用多样化功能实现与拓展应用的基础，高效的协议设计与实现是物联网体系部署和系统应用的核心。本书介绍了物联网协议发展情况，以及面向物联网典型行业应用和智能服务的物联网协议设计方法。

本书分为五部分。第一部分包括第1章、第2章，介绍了物联网的概念内涵和发展现状，包括物联网的背景、特点和协议体系，以及未来发展趋势。第二部分包括第3章、第4章，对物联网的主流平台进行了介绍，讨论了平台的接入方法，对异构协议在平台中的解析问题进行了探讨，指出了在异构协议解析中采用机器学习、深度学习技术才能解决异构协议物联网平台的复杂性、适应性与通用性等方面面临的挑战，并据此设计了基于本体的物联网数据接入方法，解决了本体资源描述模型、接入流程设计和资源服务化问题，最后讨论了平台接入所面临的未知通信协议和信号干扰问题，提出了未知信号特征分析和报文预处理方法；在与平台紧密相关的物联网终端的讨论中，按不同的功能和特点对终端进行了分类，讨论了新型物联网终端的边缘计算技术，指出机器学习与协同推理技术在物联网终端的应用问题和边缘操作系统的设计是解决"协同计算与资源隔离"两大技术的关键问题。第三部分包括第 5 章、第 6 章，讨论了物联网的典型应用场景，涉及工业、农业、能源、交通、医疗、卫星这 6 个领域，总结了它们的共性，讨论了协议安全问题，从协议的机密性要求、完整性要求、可用性要求等方面归纳总结了协议安全设计原则、方法以及评估和测试方法，助力物联网技术的应用。第四部分包括第 7 章、第 8 章，讨论了下一代物联网的智能化问题，首先设计了物联网智能服务模型与体系，讨论了智能服务编排与组合对服务性能的影响，针对智能服务安全问题设计了总体架构和安全通信方法；面对智能化应用场景下协议需具备的能力进行了讨论，对协议需具备的功能进行了分析，指出服务发现和描述机制、服务编排和组合机制、数据交互和共享机制、服务安全和隐私保护、服务质量保证、服务管理和治理机制等是应用场景下服务可重用性、易维护性、可用性、可靠性和可扩展性的刚性需求，同时，对物联网的智能性评估从用户行为分析、算法性能评估、仿真模拟实验、大数据分析等方面进行了讨论，设计了智能仿真平台以模拟物联网协议在多设备、多场景下的智能服务过程。第五部分为第 9 章，对当前物联网发展存在的问题和未来的发展方向进行了深度分析，讨论了新型信息技术在物联网的应用以及安全性和隐私问题，指出了新型物联网在发展过程中需要解决的技术问题，并分析了智慧城市和工业物联网这两个物联网最重要的应用前景。

物联网技术发展迅速，与各行业、新技术的融合不断深入，特别是人工智能对物联网的赋能使物联网功能更加强大，应用更加广泛，未来会出现更多的创新。本书力求系统介绍物联网协议体系与智能服务之间的内涵与关键技术，帮助读者更好地理解物联网的发展趋势。

本书由任保全统稿，祝幸辉、郭永安、詹杰等组织编写。在编写过程中参考和引用了国内外学者的研究成果，资料来源列于书中参考文献。在此，对这些作者表示敬意和感谢！

本书在编写和出版过程中得到移动专用网络国家工程研究中心项目（No.BJTU20221102）、湘潭市科技局重点科技成果转化项目（No.GX-ZD202210012）资助。由于作者水平和经验有限，书中难免有不妥之处，恳请读者批评指正。

任保全

2024 年 2 月

目　录

第 1 章

物联网概述

1.1 概念内涵

1.1.1 物联网的组成

物联网（Internet of Things，IoT）的概念最早出现于比尔·盖茨[1]在1995年创作的图书《未来之路》中，书中提出了将计算机技术与物理世界的物品和设备相连接的想法。1998年，麻省理工学院提出了一个创新概念——电子产品代码（Electronic Product Code，EPC）系统，其被认为是物联网的雏形。1999年，麻省理工学院的 Auto-ID 实验室提出了"物联网"这一概念，并着重强调了物品编码、射频识别（Radio Frequency Identification，RFID）技术和互联网的关联性。

物联网是物与物连接形成的互联网。这里的"物"是广义的，不仅包括没有生命的物体（如手表、电视、汽车、飞机、大楼、水坝等），而且包括有生命的人、动物和植物等。因此，物联网的定义如下：物联网是万物互联的网络，它通过信息传感设备，按约定的协议将任何物体与互联网相连接；物体通过信息传播媒介进行信息交换和通信，以实现智能化识别、定位、跟踪、管理、控制等功能。目前，国内普遍采用的物联网的定义如下：物联网是一种基于互联网、传感器技术和通信技术的信息技术，通过对各种物体的感知、识别和连接，实现物体间的信息交互和智能化管理。它将物理世界和数字世界紧密结合，实现了任何时刻、任何地点、任意物体之间的互联互通。

物联网的支撑技术如图 1-1 所示。

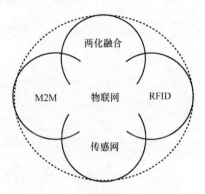

图 1-1　物联网的支撑技术

（1）M2M

M2M 最初由通信行业提出，是指不具备信息化能力的机械设备通过移动通信网络与其他设备或信息系统进行通信。通信行业认为，网络在满足了人与人之间的通信需求后，还可以使"物与物（Machine to Machine）"之间进行通信，构成更高效的信息化应用。此后，M2M 又延伸出了"人与机器（Men-to-Machine）"或"机器与人"的概念。总体来说，M2M 就是指人、设备、信息系统三者之间的信息互通和互动。M2M 是物联网的组成部分，M2M技术是物联网核心技术之一，作用是使机器之间具备相互连接、相互通信的能力。M2M 不能被简单地解释为"人与人"或"人与机器"。M2M 技术结合了现有不同种类的通信技术，为各行各业提供集数据的采集、传输、分析及业务管理于一体的综合解决方案，使业务流程、工业流程更加趋于自动化。主要应用领域包括交通领域（如物流管理、定位导航）、电力领域（如远程抄表和负载监控）、农业领域（如大棚监控、动物溯源）、城市管理领域（如电梯监控、路灯控制）、安全领域（如城市和企业安防）、环保领域（如污染监控、水土检测）、生产领域（如生产监控和设备管理）和家居领域（如人员看护、智能安防）等。

（2）RFID

RFID 是一种通信技术，可通过无线电信号识别特定目标并读写相关数据，而不需要识别系统与特定目标之间进行机械或光学接触。物联网技术的关键和核心就是 RFID 技术，该项技术实现了对目标物体的标示、识别，将物品和网络连接起来，既可以完成对物品的识别，又可以实现对物品的追踪定位，实现了智能化的物品管理。RFID 技术在物联网感知层占据重要的地位，它具备很强的防水防磁性能，可整合大数据技术与物联网技术，让数据信息的处理更加高效。RFID 技术包括电子标签、读写器、应用软件三大核心内容，读写器负责接收无线电信号，电子标签的内容通过特定的频率传递给读写器，读写器将获取的信息传递给应用软件。物联网管理过程中，物品和物联网的连接是通过标签实现的。RFID 技术被广泛应用于多个行业和领域，包括物流仓储（如货物追踪、信息自动采集）、交通领域（如出租车管理、铁路机车识别）、身份识别（如电子护照、第二代身份证和学生证）、资产管理（如贵重物品和危险品管理）、安全控制（如档案监控、异常报警）、信息统计和查阅应用等。

（3）传感网

传感网是目前信息领域的研究热点，是微机电系统、计算机、通信、自动控制、人工智能（AI）等多学科交叉的综合性技术。目前的研究涉及通信、组网、管理、分布式信息处理等多个方面。具体而言，传感网的关键技术包括路由协议、介质访问控制（Medium Access Control，MAC）协议、拓扑控制、定位、时间同步、数据管理等。

（4）两化融合

两化融合指信息化与工业化相互融合，因为物联网包含多种信息化技术手段，两化融合也成为物联网四大技术的组成部分和应用领域之一。两化融合的主要目标包含实现企业生产的智能化、业务的协同化、企业服务的网络化、生产管理的安全化等。在产品研发、控制以及管理等各个环节中融入物联网，能够提高产品生产智能化水平；在生产过程中实现智能控制，能够实现实时数据采集、设备管理与产品监管等，提高生产效率。但在融合过程中还需研究安全和隐私问题、标准和协议兼容问题、规模化效应问题、成本问题等。

1.1.2　物联网的特点

物联网的特点包括以下几个方面。

第一，物联网自身具有互联性。物联网通过互联网技术将各种物理设备连接在一起，使其能够相互通信。这些设备可以是任何能够产生、接收或处理数据的物体。

第二，物联网有较强的感知能力。物联网设备通常配备有各种传感器，用于感知周围环境的各种参数，比如温度、湿度、光照、位置等。

第三，物联网在数据传输与通信方面具有自身优势。物联网设备通过各种通信技术，如 Wi-Fi、蓝牙、近场通信（Near Field Communication，NFC）等，将感知到的数据传输到云端或其他设备，也可以接收来自云端或其他设备的指令。

第四，物联网具有较好的数据处理与分析能力和决策能力。在云端或本地，可以对从物联网设备中收集到的数据进行处理、分析和存储，以提取有用的信息。基于数据的分析，可以做出智能决策并控制物联网设备的行为，实现自动化的控制。

第五，物联网应用场景广泛。物联网可以应用于各种领域，包括智能家居、智慧城市、工业自动化、健康医疗、交通运输等，为这些领域带来了许多新的发展方向[2]。

物联网的特点使其涉及大量敏感信息和控制权，这引发了许多关于安全和隐私保护的讨论。物联网对隐私保护的挑战主要体现在几个方面。第一，物联网跨越了不同部门和不同法域的监管界限。一方面，隐私保护相关法律和法规倾向于按领域划分隐私，例如医疗隐私、金融隐私等，物联网设备和服务很难归入其中。另一方面，不同国家和地区可能针对物联网设备和服务制定不同的隐私保护法律法规，当数据收集和处理发生在不同法域时，将面临不同的监管。第二，物联网增加了用户知情同意的难度。当物联网被部署在公共空间时，获得除设备所有者以外的其他用户的知情同意几乎是不可能的。物联网设备的用户交互界面既没有展示，也没有提供数据和功能控制选项。此外，人们可能意识不到物联网设备的存在，也没有能力退出被动的数据收集过程。第三，可穿戴设备、智能家居等物联网应用模糊了私人空间和公共空间的边界。第四，物联网设备的监测和记录能力往往是不透明的、隐秘的，不易被察觉。物联网设备和手表、音箱、电视等常见物品没什么区别，所以人们很难知道设备是否在收集、处理数据。第五，物联网挑战了隐私保护的透明度原则。例如，与网站、App 等不同的是，物联网设备和服务可能无法向用户展示其隐私政策，也不能明确地告知用户其正在收集数据。

1.2 发展历程与产业现状

1.2.1 物联网发展历程

物联网的发展历程可以分为 3 个阶段：第一个阶段是感知阶段，主要是各种传感器技术的发展，实现了对物体的感知；第二个阶段是互联阶段，主要是无线通信技术的发展，实现了物体之间的互联互通；第三个阶段是智能化阶段，主要是物联网平台的发展，实现了对物体的远程监控、数据分析和智能控制。

在 1991 年的《科学美国人》杂志中有篇文章提出了"普适计算"，描绘了一个由庞大的互联计算机网络构成的未来世界，该网络覆盖了人们的日常生活。1999 年，麻省理工学院的 Auto-ID 实验室提出了"物联网"，并解释这一概念是基于将射频识别技术应用于供应链。

2005 年 11 月，国际电信联盟（ITU）发布了《ITU 互联网报告 2005：物联网》，这一报告对物联网的概念进行了扩展和深入阐述。报告中详细介绍了物联网的特征、相关技术、面临的挑战以及未来的市场机遇。同时，报告提出了物联网的发展愿景，即"任何时刻、任何地点、任意物体之间互联"，强调了无所不在的网络和无所不在的计算。报告指出，物联网是通过传感器技术、射频识别技术、智能嵌入技术与纳米技术等，实现物品之间的自动识别、实时监测和交互。这些技术将在多个领域展现出广泛的应用前景。

2006 年 3 月，欧盟召开"从 RFID 到物联网"会议，旨在探讨 RFID 技术与物联网之间的关系。这次会议介绍了 RFID 技术的概述和相关规范，以及它的应用前景和不足之处。会议的召开推动了物联网技术标准化和隐私保护等问题的讨论，并为物联网的发展提供了有益的指导和建议[3]。

2008 年起，各国政府开始重视下一代技术规划，以推动科技发展并寻找经济增长的新动力。在这个背景下，物联网成为备受关注的领域。同年 11 月，北京大学举办的第二届中国移动政务研讨会提出了移动技术和物联网技术的发展代表着新一代信息技术的形成这一观点[4]，引领了经济和社会形态的变革，推动了以用户体验为核心的创新形态的形成，即面向知识社会的下一代创新（创新 2.0）。在这种创新模式下，创新与发展更加关注用户需求，注重以人为本。政府对物联网的重视促使相关领域的研究和发展迅速展开，物联网的应用范围逐渐扩大，涵盖了物流、城市管理、智慧医疗、智能家居等多个领域。这些发展不仅推动了经济的增长，还为创造更加智能、便捷和可持续的社会生活提供了新的机遇。

2009 年 2 月，在 2009 IBM 论坛上，IBM 发布了名为"智慧的地球"的最新战略，指出未来的 IT 行业将会把新一代信息技术推广到各个行业中[5]。具体而言，也就是把传感器嵌入到各种各样的物体中，如铁路、隧道、桥梁、供水系统、公路、电网、建筑物、大坝以及管道等，并实现它们的广泛连接，从而构建起物联网。该战略的目标是推动数字化转型，促进智慧城市和智能交通等领域的发展，实现一个智慧、高效和可持续的地球。不过，直到高德纳咨询公司把物联网列入 2011 年的新兴科技清单，其才真正在世界范围内受到关注。

1.2.2　物联网产业现状

目前，物联网技术中的无线传感技术、通信技术、云计算、大数据分析等技术已经具备了较高的成熟度。同时，5G 技术也为物联网提供了更加广阔的发展空间。物联网是以互联网为基础网络，以无线通信为核心技术的网络技术体系，在此体系中，物联网将通过物联网终端（如智能手机、平板电脑和智能电视等）与互联网进行数据和信息交流，从而实现信息共享与交互。2021 年，全球物联网终端的数量超过了 113 亿台；2022 年，全球物联网终端数量达到 143 亿台；预计到 2025 年，随着供应限制的缓解，物联网终端数量的增长速度进一步加快，全球物联网终端的数量将达到 270 亿台。

2009 年，我国提出了"感知中国"的概念，强调物联网在国家发展中的重要性。2011 年的《物联网"十二五"发展规划》，明确了物联网发展的 9 个重点领域。这些举措为我国物联网的发展奠定了基础。2015 年，《政府工作报告》提出制定"互联网+"行动计划。随着"互联网+"行动计划的贯彻与落实，物联网在工业、农业、物流、智能家居、环境监测、智慧城市等领域展现了蓬勃生机。此外，各地政府高度重视物联网的发展，无锡、重庆、北京、上海、杭州、深圳等地方政府通过各种有利的政策推动和扶持物联网生态的建设。这些举措为地方物联网产业的蓬勃发展提供了有力支持。我国物联网产业的发展与全球物联网浪潮同步，产业规模如图 1-2 所示[6]。

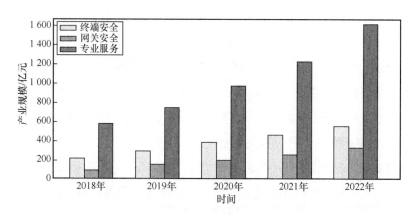

图 1-2　我国物联网产业规模

　　目前，我国物联网市场蓬勃发展产业取得了很大的发展，物联网应用范围不断扩大应用领域不断加速，在环保、物流、交通、医疗、安防、电力等领域通过试点示范物联网规模应用，为百姓生活带来便利的同时也促进了传统产业的升级转型；物联网生态系统逐渐形成，我国形成了元器件、设备、芯片、电器运营、软件、物联网服务等较完善的物联网产业链，初步建成一批检验检测、标识解析、成果转化、共性技术研发、人才培训及信息服务等公共服务平台；物联网产业集群优势不断凸显，产业的发展以物联网应用平台为先导，形成区域发展格局，工业物联网已开始整合区域发展资源，促进新的发展模式，打开新的价值空间。我国已建设了许多物联网发展的重要基地，构建了完整的物联网产业链，未来物联网将成为创新、创业的新产业。

　　在产业界，全球各大企业，包括芯片制造商、物联网设备制造商、电信运营商、IT 和互联网企业等，纷纷布局物联网，以建立技术优势并抢占物联网发展的先机。英特尔在 2014 年和 2015 年分别发布了适应可穿戴设备和物联网设备的"爱迪生"和"居里"两款芯片，并提供底层芯片和开发工具给开发者。IBM 在 2015 年投资 30 亿美元成立独立的物联网部门，用于物联网建设。微软在 2015 年推出了"Azure IoT"服务。思科在 2016 年以 14 亿美元的价格收购了物联网公司 Jasper。亚马逊 AWS 发布了物联网平台 AWS IoT。谷歌推出了安卓物联网操作系统 Brillo。国内企业也积极布局物联网生态。中国移动于 2012 年成立了中移物联网公司，2014 年中国移动物联卡开始商用，并推出了"OneNet 物联网开放平台"，为多个领域提供物联网解决方案。腾讯在 2014 年发布了"QQ 物联–智能硬件开放平台"，利用 QQ 移动客户端与云服务的优势实现用户与设备、设备与设备之间的互联互通互动。百度在 2015 年推出了物联网平台 Baidu IoT，为物联网各行业提供安全、海量接入，以及智能和友好的服务。阿里巴巴集合阿里云、阿里智能和 YunOS 等事业群，打造了包括云计算平台、数据平台、开发者平台和互联平台在内的"阿里物联平台"。

通信技术和标准对物联网的发展起到至关重要的作用。2016 年 6 月，在韩国举行的 3GPP RAN 会议上，由华为公司主导的 NB-IoT 标准获得批准，作为物联网专用协议，NB-IoT 具有低功耗、广覆盖和广连接等优点。另外，5G 对物联网的发展具有重要推动作用。

物联网是一个开放、合作和协同联动的基础网络。物联网已经广泛应用于智能家居、物流、交通、医疗、能源等多个领域，其中物流是目前应用最广泛的一个领域。物联网的应用可以有效提高各行业的效率和安全性，降低成本和能源消耗，并且未来的应用领域还将不断扩展。物联网引领着信息产业的第三次革命浪潮，它在车联网、智能电网、智能家居、安防监控、移动支付、智能穿戴和远程医疗等应用领域展现出了巨大潜力，为人们的生活提供了更大的便利，优化了公共服务资源的调配效率，并深刻改变了我们的日常生活方式。此外，物联网与工业 4.0 密切相关，推动着传统生产方式向绿色、智能、低碳的转变，实现了从刚性生产方式向柔性生产方式的转变，显著提高了生产效率。物联网技术正在全球范围内展开，为经济社会的发展注入了强大的动力。

1.3　发展趋势

物联网的应用涵盖了包括农业、物流、交通、电网、医疗、家居等在内的多个领域，为加快物联网发展，培育和壮大新一代信息技术产业，工业和信息化部印发了《物联网"十二五"发展规划》。根据规划，工业和信息化部将在 9 个重点领域完成一批应用示范工程。物联网技术的发展为人类生产生活带来了更多便利，例如，智能家居中的自动报警和紧急求助按钮，可以提升居家安全性。共享单车使人们的出行更加便捷。物联网技术的广泛应用说明物联网产业具有巨大的价值。物联网技术将在未来持续发展，并在各个领域中发挥越来越重要的作用，随着技术的不断进步和创新，我们可以期待越来越多的智能、便利、高效的物联网应用，同时也需要注意解决相应的安全、隐私等问题，以保障物联网的持续健康发展。

1.3.1　物联网技术发展面临的挑战

（1）缺乏统一的技术标准和协调机制

物联网的设备差异化、通信协议多样化、数据格式私有化、服务提供组合化是导致物联网数据接入复杂度高、服务组合提供难度大的重要原因。物联网设备的数据格式缺乏统一标准，数据接入采用一对一适配或者物联网设备制造商提供的软件开发工具包（Software Development Kit，SDK）对设备进行改造集成，导致物联网应用开发过程中数据接入难度大、成本高、维护难。物联网数据格式标准化有利于实现物联网数据的统一接入，降低数据接入复杂度，使数据资源得到统一管理。同时，海量异构设备的数据表征方式不统一，特定场景和设备的资源描述和信息表达不一致的问题，导致无法为应用提供统一的一致性视图，数据接入复杂度高。不同物联网设备制造商生产的设备具有不同的通信协议、通信流程、交互方式，产生了大量的异构私有数据格式，造成了物联网设备接入成本高、安全性差、交互困难。物联网应用开发过程中需求变更，伴随着设备固件升级维护、功能增加，需要重新适配或编写程序，造成了程序维护困难、程序冗余。物联网设备缺乏统一的模型标准，各个物联网平台提供了不同 SDK、应用程序接口（Application Program Interface，API），开发者需要按照平台标准进行设备集成，造成了各个系统间的不兼容和"信息孤岛"，不利于用户和开发者一次开发、多处适配。

（2）隐私和安全问题

安全因素的考虑会影响物联网的设计，但可避免个人数据受到窃听或破坏。

物联网的发展会改变人们对隐私的理解。一方面,在物联网时代,人们使用多种类型的传感器,这些传感器接入多个网络,人们的一举一动都可能被监测。RFID是目前物联网应用最广的传感技术,对于产品的所有者来说,将 RFID 芯片植入产品可以更方便地进行管理,但是,也导致了一个巨大的问题,即其他人(如产品的竞争对手)也能对连入物联网的设备进行感知。要确保在感知、传输、应用过程中的敏感信息不被他人所用,就需要物联网有一套强大的安全体系来保障数据的安全。如何保证数据不被破坏、泄露和滥用将成为物联网面临的重大挑战。另一方面,在物联网生态系统中,海量的物联网异构设备接入网络都依赖于物联网平台提供的解决方案,如果平台自身设计存在安全问题将带来严重后果,接入平台的物联网设备都会受到影响。目前各界对物联网平台缺乏系统性的认识,在平台的隐私和安全方面缺乏研究。除此之外,物联网正处于发展阶段,许多制造商会为物联网设备添加新功能,由此带来新的安全问题。

(3)技术实现问题

在某些领域,应用需求的挑战可能比技术开发本身还要复杂,因此,我们需要充分考虑如何让物联网通用技术满足不同行业的特定需求。例如,工业领域需要更强大的耐用性和安全性,而医疗领域则更注重隐私和可靠性;面对不同环境下的复杂条件,如何确保传感器及时、高效、准确地捕捉数据,如何确保设备有效通信、协同工作,并实现与云端或其他系统的高效集成;物联网涉及大量设备和传感器,如何实现信息的无缝连接;物联网应用产生大量感知数据,如何高效处理感知数据并将其转化为有价值的信息,进而演化为有意义的知识,这些都是技术实现难题。解决物联网技术实现问题需要综合考虑通用性和个性化需求,以确保物联网技术在各个领域都能够有效地发挥作用。这需要跨学科的研究和创新,以推动物联网技术进步和推广应用范围。

(4)商业模式不成熟

一方面,物联网的发展离不开合理的商业运作和各种利益驱动,对物联网技术的系统开放将会促进应用层面的开发和各种系统间互操作性的提高。另一方面,目前物联网的相关技术仍不成熟,需要在科研中投入大量的资金,以实现技术转化。此外,物联网受到了各地的热捧,尤其是经济发达地区,盲目竞争的状态会造成产业的泡沫化,使风险越来越大。

商业模式的不成熟还体现在以下几个方面,物联网涉及多个技术层面的整合,包括传感器、通信协议、云计算、人工智能等,商业模式不成熟的实体可能面临技术整合的困难,需要跨越多个领域,确保各个组件协同工作;制定和理解物联网的商业模式对于企业来说可能是一项复杂任务,不同行业可能有不同的商业模式,而实体需要找到适合其市场定位和价值主张的模式;物联网领域的监管框架相对不成熟,这可能导致企业在遵守法规和标准方面面临困难,合规性和数据隐私等问题需要得到更明确的法规指导;缺乏统一的技术标准可能导致互操作性问题和设备兼容性问题,实体需要应对标准的不断变化和发展,以确保其技术能够与其他系统和设备无缝集成;物联网通常需要构建庞大的生态系统,包括制造商、供应商、合作伙伴等,实体需要面对生态系统建设的复杂性,协调各方利益,确保生态系统的健康发展。

1.3.2 物联网技术未来发展方向

(1)物联网的边缘计算和边缘智能化

边缘计算起源于内容分发网络(CDN),利用边缘节点的网络、计算和存储能力为用户提供就近的服务。与边缘计算概念类似的是雾计算(Fog Computing),它在2011年被提出,由性能较弱、分散性较强的各种功能计算机组成[7]。与集中计算的云不同,雾计算可以被理解为一种分布式计算结构,更接近网络边缘。

在物联网系统中,边缘计算涵盖了关键设备和边缘接入节点之间的区域,主要用于实时数据处理,而云则可以通过网络连接访问边缘网络中存储的历史数据。边缘计算基础设施的物联网结构通常包括以下 3 个主要部分:云,即云计算平台的中心节点,负责全网计算能力和数据的统一管理、调度和存储;边缘,指靠近设备和数据源的云计算平台边缘节点,具备足够的计算能力和存储容量,例如传统 CDN 的边缘节点、物联网场景中的设备控制中心等;终端,也被称为设备边缘,主要指手机、汽车、智能家电、工厂设备、传感器等终端设备,是边缘计算的最末端。

引入边缘计算为物联网应用提供了多方面的支持。首先是统一访问,边缘云为设备提供多种协议访问能力,采用统一访问框架,消除私有协议和数据模型的差异,通过在云和边缘两侧的统一定义降低了系统集成成本,提高了设备访问效率。其次是实时可靠性，引入边缘计算极大地提高了实时用户体验，减少了关键通信的端到端时延，确保了业务的连续性和可靠性，即使与中心云网络断开，应用程序仍能正常运行。此外，边缘智能是另一个重要方面，云可以将分析模型和规则引擎推送到边缘节点，利用边缘计算资源进行数据分析和逻辑决策，最大限度地实现实时智能响应。另外，边缘缓存也是边缘计算的一项重要功能，边缘节点利用自身的存储资源实现数据缓存，通过在空闲时间异步上传缓存数据或处理后的数据到云平台，使云平台能够利用大数据处理能力进行收集和分析训练[8]。边缘计算通过将计算和数据处理推向离数据源更近的地方，如设备本身或本地服务器，以降低数据传输时延并减轻云服务的负担。这有助于提高系统的实时性和效率。边缘智能化进一步强调在物联网设备或边缘节点上集成人工智能和机器学习（ML）能力，使其能够更智能地处理数据并做出实时决策。

（2）5G和物联网融合

5G和物联网的深度融合是推动通信技术和物联网应用发展的关键因素。5G网络提供更高的带宽和更低的时延，为物联网设备提供了强大的通信能力。这对于需要高速、实时数据传输以及可靠支持的物联网应用至关重要。同时，5G还支持大规模设备连接，为大规模部署物联网设备奠定了基础。这种支持能力使物联网设备能够更加灵活地实现互联互通，形成更庞大的物联网。

（3）人工智能和机器学习在物联网中的应用

人工智能和机器学习技术在物联网中的应用将会愈发普遍。物联网设备通过集成人工智能和机器学习技术，能够更加智能地处理传感器数据，实现对环境和用户行为的智能感知。人工智能和机器学习的融入为物联网设备赋予了更强大的智能和适应能力，促使物联网从简单的数据收集转变为智能决策和自主学习的系统。这一趋势将在未来推动物联网应用的进一步普及和创新。

1.3.3　未来物联网特点

（1）物联网系统大规模设备管理和部署

随着物联网设备数量的增加，设备管理和部署将面临重大挑战。这一挑战不仅来自设备数量的庞大，还涉及设备的多样性、地理分布以及对于实时性和安全性的要求。在这种情境下，自动化的设备注册、配置和监控系统将会变得尤为关键，以应对快速增长的设备生态。

（2）物联网安全和隐私保护的完善

随着物联网设备的普及，设备的防护机制、数据的加密传输以及用户隐私的保护变得至关重要。制定和遵循严格的安全标准将有助于建立可信赖的物联网生态系统。相关的技术发展和法规完善将为物联网领域的发展提供支撑。

（3）物联网多模态感知技术的发展

物联网多模态感知技术的迅速发展使感知和数据获取领域迎来了一场革命。多模态传感技术通过同时利用多种传感器实现了对各种数据类型的同时采集，从而实现了对周围环境更全面、更深入的理解。这一趋势不仅丰富了设备所能获取的信息层面，而且显著提升了设备的智能化和适应性。

（4）物联网生态系统和产业链的建设

与物联网相关的产业链将不断完善，包括芯片制造、设备制造、云服务提供商和应用开发者等环节，它们相互协作、相互依存，共同推动物联网技术的创新和应用，为物联网技术的进一步发展和应用奠定了坚实的基础。这一互相依存、相互促进的生态系统将不断推动物联网行业的创新和成熟。

（5）与智能健康和医疗保健结合

物联网在医疗领域的应用将会继续增长。物联网在医疗领域的持续应用将推动医疗保健的数字化和智能化发展。远程医疗、智能医疗设备等将成为重要研究方向，将为患者提供更便捷的医疗服务，提高医疗资源的利用效率，促进医疗科技的不断创新。

（6）物联网的可持续发展和绿色技术

物联网的可持续发展和绿色技术成为全球关注的重要议题。在物联网设备数量不断增长的同时，社会对物联网设备的能源效率和环境友好性的要求也在逐渐上升。低功耗设计、可再生能源的应用将会逐渐成为行业标准，通过大量采用绿色技术降低能源消耗，减少对环境的影响，物联网行业将更好地履行社会责任，为未来可持续发展提供有力支持。

（7）物联网自主智能和自治网络

随着技术的不断演进，物联网设备将变得更加智能化和自治化，具备更多自主决策和合作的能力。物联网设备通过协同学习、智能合约等技术和去中心化管理，使设备之间可以直接合作和交换信息，而不需要依赖中心化的系统。自主智能和自治网络的发展趋势将推动物联网进入一个更加智能、高效、可信赖的时代。

（8）物联网技术的个性化和定制化服务

随着物联网的不断演进，技术创新将允许更多个性化和定制化的服务，以满足用户的独特需求和偏好，根据用户的需求和习惯，为其提供更加精准的服务和体验，例如个性化的健康监护方案、定制化的智能家居场景等。物联网技术的个性化和定制化服务将使多个行业更好地满足用户的独特需求，提高服务质量，推动技术进步。

参考文献

[1] 比尔·盖茨. 未来之路[M]. 辜正坤, 译. 北京: 北京大学出版社, 1996.

[2] MANAVALAN E, JAYAKRISHNA K. A review of Internet of things (IoT) embedded sustainable supply chain for industry 4.0 requirements[J]. Computers & Industrial Engineering, 2019(127): 925-953.

[3] MADAKAM S, RAMASWAMY R, TRIPATHI S. Internet of things (IoT): a literature review[J]. Journal of Computer and Communications, 2015, 3(5): 164-173.

[4] 马京胜. 中国移动物联网业务发展模式分析[J]. 中国科技信息, 2012(1): 110-111.

[5] 罗如意. 解读"智慧的地球": 物联网[J]. 杭州科技, 2010(1): 12-14.

[6] 龚惠群, 黄超. 物联网新兴产业的发展趋势分析[J]. 产业经济评论, 2023(2): 198-216.

[7] BONOMI F, MILITO R, ZHU J, et al. Fog computing and its role in the Internet of things[C]//Proceedings of the first edition of the MCC workshop on Mobile cloud computing. New York: ACM Press, 2012: 13-16.

[8] PORAMBAGE P, OKWUIBE J, LIYANAGE M, et al. Survey on multi-access edge computing for Internet of things realization[J]. IEEE Communications Surveys & Tutorials, 2018, 20(4): 2961-2991.

第 2 章

物联网协议体系

2.1 协议定义与分类

2.1.1 协议定义

物联网协议指在物联网设备之间进行通信和数据交换的一组规则和约定,其定义了设备之间的通信方式、数据格式、消息交互机制、安全性及可靠性要求等方面的相关规范。具体涵盖以下几个方面。

- 物联网协议规定设备之间的通信方式及通信协议,包括:传输层协议,如传输控制协议/互联网协议(Transmission Control Protocol/Internet Protocol, TCP/IP)、用户数据报协议(User Datagram Protocol, UDP);网络层协议,如 IPv4、IPv6;应用层协议,如超文本传送协议(Hypertext Transfer Protocol, HTTP)、消息队列遥测传输(Message Queuing Telemetry Transport, MQTT)协议、受限应用协议(Constrained Application Protocol, CoAP)。协议规定设备连接建立、数据发送和接收、错误处理等通信过程。

- 物联网协议定义设备之间交换的数据格式、数据编码、设备寻址模式和路由方式,使数据能在物联网体系结构中的不同层间传输。例如,协议规定数据使用 JSON(JavaScript Object Notation)、可扩展标记语言(Extensible Markup

Language, XML）或二进制格式编码，并定义特定的数据字段和标准数据类型。

- 物联网协议定义设备之间的消息交互机制，包括请求-响应模式、发布-订阅模式、触发器模式等。协议规定了消息的格式、发送和接收方式以及处理逻辑。
- 物联网协议包含安全性和认证机制，以确保设备之间通信和数据交换的安全性，包括数据加密、身份认证、访问控制等安全措施，以防止未经授权的访问和数据泄露。
- 物联网协议定义设备之间通信的可靠性要求和容错机制，包括消息确认机制、重传机制、错误检测和纠正等，以确保数据的可靠传输和处理。

多个标准化组织对物联网协议的定义也做了大量工作。

2.1.2　协议分类

物联网协议指物联网设备之间进行通信的一套规则和约定。按其功能和通信模式，物联网协议可以分为两大类，即物联网通信协议和物联网传输协议。

物联网通信协议分为无线通信协议和有线通信协议。其中，无线通信协议用于无线网络通信，如 Wi-Fi、蓝牙（Bluetooth）、ZigBee、LoRa、NB-IoT 等[1-2]；有线通信协议用于有线连接通信，如以太网、RS-232、RS-485 等。

物联网传输协议按照传统网络的层级划分，主要包含感知层协议、网络层协议、应用层协议以及安全协议[3]。

物联网感知层协议是连接、管理和控制物联网设备的协议，包括 IEEE 802.15.4 PHY、IEEE 802.15.4e MAC 等常用协议。

网络层协议为常用于互联网通信的 TCP/IP 协议族，包括 TCP、UDP 等。此外，还有轻量级的消息传输协议 MQTT；专门为受限环境（如传感器）设计的通信协议 CoAP，适用于低带宽、高时延或不可靠网络环境；用于 Web 应用程序通信的协议 HTTP/HTTPS，也可用于物联网通信。

应用层协议 MQTT-SN（MQTT for Sensor Networks）为 MQTT 在传感器网络中的简化版本，包括高级消息队列协议（AMQP），是用于企业级消息传递的开放标准协议；可扩展通信和表示协议（XMPP），常用于实时通信，也可以用于物联网通信。

传输层安全协议（TLS）/安全套接层协议（SSL）是用于加密通信的传输层安全协议，包括：数据报传输层安全协议（DTLS），用于保护不可靠的传输，如UDP；开放授权（OAuth），用于授权第三方应用程序访问用户数据。

还有几种特殊用途的物联网协议。例如，Modbus 是一种用于工业自动化的通信协议；BACnet 是一种用于建筑自动化和控制网络的通信协议；Thread 是一种IPv6 协议栈，用于低功耗、自组网的物联网设备。

物联网协议按照适用范围可分为以下几种：家庭自动化协议，用于智能家居设备之间的通信，包括 ZigBee、Z-Wave 等；工业物联网协议，用于工业控制和自动化领域的通信，如开放性生产控制和统一结构（OPC UA）、Modbus 等；开放标准协议 HTTP/HTTPS，是基于 Web 的开放标准协议，适用于各种物联网场景。

此外，还有一些物联网协议是针对特定硬件或企业的私有通信协议，通常不对外公开。

2.2　感知层协议

物联网感知层协议是连接、管理和控制物联网设备的协议，通常位于物联网协议栈的下层，负责实现物联网设备之间的数据传输和交互。

物联网感知层是物联网的基础，由具有感知、识别、控制和执行等功能的多种设备组成，通过采集各类环境数据信息，将物理世界和信息世界联系在一起。主要实现方式是通过不同类型的传感器感知物品及其周围各类环境信息。感知层应用的技术有传感器技术、RFID 技术、定位技术、图像采集技术等。

在对物理世界感知的过程中，不仅要实现数据采集、传输、转发、存储等功能；还要实现数据分析处理的功能，数据分析处理指对采集数据进行分析并提取有用的数据，数据分析处理功能包含协同处理、特征提取、数据融合、数据汇聚等；同时完成设备的接入，实现将传感器和 RFID 等获取的数据传输至数据处理设备。

2.3 传输层协议

物联网传输层协议通常可分为两种：传输协议和通信协议。其中，传输协议通常用于在子网内不同设备间的组网和通信；通信协议通常在传统互联网的TCP/IP 上运行，使设备可以在互联网上进行数据交换及通信。

传输层在物联网系统中负责实现数据传输和数据处理，是物联网系统的核心层之一。随着物联网设备的日益增加，应用场景不断丰富，市场对物联网连接能力提出了更高的要求。传输层主要由网关、协议栈、数据传输协议等组成，其中涉及多种网络通信技术和传输协议。在物联网领域已被广泛应用的典型协议有描述性状态迁移（Representational State Transfer，REST）/HTTP、MQTT、MQTT-SN、CoAP、轻量级 M2M（Lightweight Machine to Machine，LwM2M）、DDS（Data Distribution Service）、高级消息队列协议（Advanced Message Queuing Protocol，AMQP）、XMPP、Java 消息服务（Java Message Service，JMS）等，且每种协议至少有 10 种代码实现，支持实时发布订阅。

（1）REST/HTTP 规范

REST 是一种关于网络应用设计和开发的结构风格，而不是一个具体的标准或协议。REST 基于 HTTP、统一资源标识符（Uniform Resource Identifier，URI）、XML 及超文本标记语言（Hypertext Mark Language，HTML）等广泛流行的协议和标准[4]。REST 提出了一套结构原则，用于设计以系统资源为核心的 Web 服务。该原则包括客户端如何通过 HTTP 处理和传输资源状态；如何考虑使用它的 Web 服务数量。近年来，REST 已经被公认为最重要的 Web 服务设计模式。

REST 通过 API 公开系统资源，可以为不同种类的应用程序提供标准格式化的数据。REST 中的资源并不仅指数据，也可以是数据与呈现形式的组合。例如，"最新访问的 10 位会员"和"最活跃的 10 位会员"可能在数据层面存在重叠或完全相同，但由于它们的呈现形式不同，因此被视为不同的资源。使用一致的资源命名规则的主要好处在于不需要自行定义规则，而是依赖于全球范围内几乎完美运行的被绝大多数人理解的规则。

REST 提出的设计准则如下。

① 网络上的所有事物都被抽象为资源。

② 每个资源对应唯一的 URI。

③ 对资源的各种操作通过通用接口来进行。

④ 对资源的各种操作不会改变 URI。

⑤ 所有的操作都是无状态的。

图片、视频文件，甚至虚拟服务，都可以通过 URI 对资源进行唯一的标识，如"获取所有学生信息"的 URI 就是唯一的资源标识符。REST 构建在 HTTP 之上，而 HTTP 不仅仅是一个用于简单数据传输的协议，而且是一个具有丰富内涵的网络软件协议。HTTP 不仅使互联网资源能够被唯一标识，而且能解决如何操作资源的问题。

HTTP 将资源的操作限定为 4 种，即查询（GET）、修改（POST）、插入（PUT）、删除（DELETE）。使用 REST 设计的一个学生信息资源示例如图 2-1 所示，操作如下：/studentInfo/{studentID}（GET）、/studentInfo/（POST）、/studentInfo/{studentID}（DELETE）、/studentInfo（PUT）。由此可知，资源操作的 URI 是相同的，可使用不同的方法来区分不同的资源操作方式。

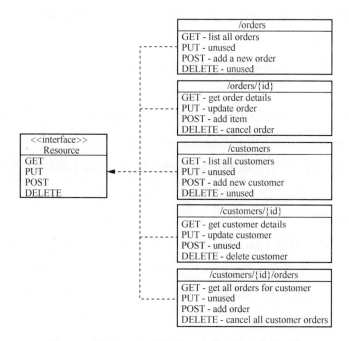

图 2-1　使用 REST 设计的一个学生信息资源示例

除了引入崭新的结构，REST 还在系统开发过程中提供了一种全新的思维方式，即通过 URI 设计系统的结构。根据 REST 的设计准则，每个 URI 都代表一个资源，整个系统由这些资源构成。因此，URI 的良好设计直接影响系统结构的优劣。对于非专业开发人员来说，关注系统结构往往是一个抽象的难题。敏捷开发所倡导的测试驱动的开发（Test Driven Development，TDD）带来了一个主要好处，即可以通过测试用例直观地设计系统接口。例如，在未创建类的情况下编写测试用例，尽管它不能通过编译，但测试用例中的方法调用可以从类使用者角度清楚地反映所需的接口，为类的设计提供直观展示。类似地，在 REST 结构中，可以预先设计合理的 URI，尽管这些 URI 可能无法连接到任何页面或方法，但它们直观地表达了系统对用户访问接口的构想。基于这些 URI，可以轻松地构思系统的结构。

HTTP 作为一种典型的客户端–服务器通信模式，它最初用于 Web 浏览场景。尽管它目前在 PC、手机等终端应用广泛，但并不适用于物联网场景，其主要有以下缺陷。

① HTTP 必须由客户端向服务端请求数据，服务端无法主动推送数据，对于频繁的控制场景，无法实现实时性。

② HTTP 是一种明文协议，在许多高安全性要求的物联网场景，缺乏 HTTPS 之类安全协议工作时，存在安全隐患。

③ HTTP 的连接过程是一个开销较大的过程，对于运算和存储资源受限的设备，性能受限。

因此，HTTP 仅在合适的环境下才能应用到物联网中。一些计算和硬件资源充足的设备，如运行安卓操作系统的设备，完全可以使用 HTTP 上传和下载数据，也可以使用运行在 HTTP 上的 WebSocket 主动接收来自服务器的数据。但在目前物联网大多数应用场景下，传统的 HTTP 并未受到广泛应用。

（2）MQTT 协议

MQTT 是 ISO 标准下基于发布/订阅范式的消息协议[5]。它工作在 TCP/IP 协议族上，是为硬件性能不足的远程设备以及网络状况较差的应用场景设计的发布/订阅消息协议。MQTT 是一种轻量、简单、开放且易于实现的消息协议，在机器对机器通信、物联网等受限环境中得到广泛应用，例如卫星链路通信传感器、间歇性连接的医疗设备、智能家居以及小型设备等。

MQTT 协议定义了两种网络实体，即消息代理和客户端。其中，消息代理负责接收来自客户端的消息并将其转发给目标客户端。MQTT 客户端可运行 MQTT 库，并能通过网络连接到消息代理的各种设备，如微控制器、大型服务器等。消息传输通过主题进行管理，当发布者有数据需要分发时，向连接到消息代理的主题发送包含数据的控制消息。消息代理将这些数据分发给订阅了相应主题的客户端。发布者不需要知道订阅者的数量和具体位置，且订阅者不需要配置发布者的相关信息。如果消息代理接收到的某个主题上没有订阅者的消息，而且发布者未将其标记为保留消息，则消息代理丢弃该消息。

MQTT 的控制消息最少只有 2 B，最多可以承载 256 MB，有 14 种预定义的消息用于连接客户端与消息代理、断开连接、发布数据、确认数据接收、监督客户端与消息代理的连接。

MQTT 协议以纯文本形式传递连接请求，并未内置安全或认证机制，通过采用传输层安全机制可以对传输的 MQTT 数据进行加密和保护，从而有效地防止数据被截取、篡改或伪造。MQTT 默认端口为 1883，加密端口为 8883。

MQTT 协议采用服务质量（Quality of Service，QoS）约束不同网络环境下消息传递的可靠性。MQTT 协议设计了 3 个 QoS 等级：QoS 等级为 0 表示消息最多传递一次，如果当时客户端不可用，则丢失该消息；QoS 等级为 1 表示消息传递至少一次，包括简单的重发机制（发送方在发送消息后等待接收方的确认响应，如果未收到确认响应，则重新发送消息），保证消息至少会被传递一次，但不能保证不会重复传递；QoS 等级为 2 表示消息只传递一次，通过设计更复杂的重发和消息去重机制，以确保消息准确到达接收方，且只到达一次。

（3）MQTT-SN 协议

MQTT-SN 协议是 MQTT 协议的传感器版本[6]。MQTT 协议是运行在 TCP 协议栈之上的轻量级应用层协议，然而，TCP 不适用于资源有限的设备。MQTT-SN 协议使用 UDP 进行通信，标准端口为 1884。为了适应资源受限的设备（如内存少、CPU 弱的传感器）和网络（如 ZigBee 无法承载太大的数据包，报文的长度在 300 B 以下），MQTT-SN 的数据包更加小巧。

MQTT-SN 协议定义了以下 3 个组件：①MQTT-SN 客户端，使用 MQTT-SN 协议连接到 MQTT-SN 网关，再连接到服务器；②MQTT-SN 网关，完成 MQTT

和 MQTT-SN 协议之间的转换；③MQTT-SN 转发器，当 MQTT-SN 客户端所在的网络无法连接到网关时，通过 MQTT-SN 转发器来存取，将其所接收到的 MQTT-SN 帧进行简单封包，然后原封不动地发送给网关，将从网关侧接收到的 MQTT-SN 帧解封，然后原封不动地发送给 MQTT-SN 客户端。

MQTT-SN 协议规定了两种网关，即透明网关和聚合网关，分别如图 2-2、图 2-3 所示。透明网关指每个 MQTT-SN 连接都有一个对应的 MQTT 连接，为最容易实现的类型；聚合网关指多个 MQTT-SN 连接共享一个 MQTT 连接。

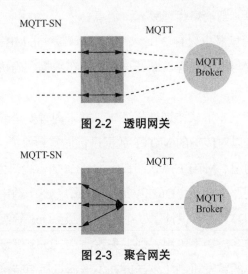

图 2-2　透明网关

图 2-3　聚合网关

MQTT-SN 连接数据包格式如图 2-4 所示。ClientID 必须唯一且最多包含 23 个字符；Duration 是连接保持活动状态的时间间隔，为一个 2 B 整数；Flags 是标志位，取值为 Clean Session 和 Will 标识。

Length (octet 0)	MsgType (1)	Flags (2)	ProtocolID (3)	Duration (4,5)	ClientID (6:n)

图 2-4　MQTT-SN 连接数据包格式

在 MQTT 协议中，WillTopic 和 WillMessage 与连接数据包一起发送，但在 MQTT-SN 协议中，WillTopic 和 WillMessage 分开发送，客户端必须设置 Flags 标志位向服务器表明它有一个 WillTopic 和一个 WillMessage。如果未设置 Will 标识，则服务端直接响应连接确认；如果设置了 Will 标识，则服务端将在发送连接确认之前，提示客户端传输 WillTopic 和 WillMessage，MQTT-SN 协议连接流程如图 2-5 所示。

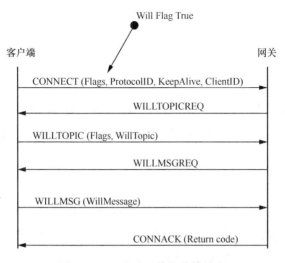

图 2-5　MQTT-SN 协议连接流程

MQTT-SN 协议和 MQTT 协议的信令大部分相同，都有 Will、Connect、Subscribe、Publish 命令。MQTT-SN 协议和 MQTT 协议的不同点如下。

① MQTT-SN 协议与 MQTT 协议最大的不同是使用 TopicID 来代替 Topic。TopicID 是一个 16 bit 的数字，每一个数字对应一个 Topic，设备和云端需要使用 Register 命令映射 TopicID 和 Topic 的对应关系。

② MQTT-SN 协议可以随时更改 Will 的内容，甚至可以取消 Will，而 MQTT 协议只允许在 CONNECT 时设定 Will 的内容，而且不允许更改。

③ MQTT-SN 协议的网络中有网关，它负责把 MQTT-SN 协议转换成 MQTT 协议，和云端的 MQTT Broker 通信，MQTT-SN 协议支持自动发现网关的功能。

④ MQTT-SN 协议支持设备的睡眠功能，如果设备进入睡眠状态，无法接收 UDP 数据，网关将把下行的 Publish 消息缓存起来，直到设备苏醒后再传送。

⑤ MQTT-SN 协议的 QoS 增加了-1 级别，这个级别仅适用于非常简单的应用，不需要建立连接或者断开连接，不需要注册或订阅，这时客户端仅发送消息给网关即可，发布的消息也不需要得到确认。

（4）CoAP

物联网中的许多设备具有资源受限的特点，其内存和计算资源受到限制，传统的 HTTP 在物联网中显得过于庞大且不适用。CoAP 是用于互联网中资源受限的节点和网络的专用网络传输协议。CoAP 旨在使简单、受限的设备在低带宽、低可用性的受限网络中也能加入物联网[7]，通过数据传递控制这些传感器成为系统的一部分。它通常用于机器对机器应用，如智能能源和建筑自动化。该协议由互联网工程任务组（IETF）设计，IETF RFC 7252 中规定了 CoAP。

CoAP 支持具有数十亿节点的网络。CoAP 消息通过 UDP 发送和接收，本质上是不可靠的，但其使用了 DTLS 增加安全性，因此 CoAP 在 UDP 之上构建了一个基本可靠方案，默认选择的 DTLS 参数相当于 128 bit RSA（Rivest, Shamir, Adleman）密钥。

CoAP 消息模型如下。CoAP 的消息交换与 HTTP 类似，所有的消息交换都基于数据报文异步进行。CoAP 报文结构如图 2-6 所示，CoAP 以"头"的形式出现在有效载荷前，有效载荷和报头之间使用单字节 0xFF 分离。如果省略了 Token、报头属性和有效载荷，则最小的 CoAP 消息长度为 4 B。CoAP 使用简单的二进制基本报头格式，使用两种消息类型，即请求和响应。

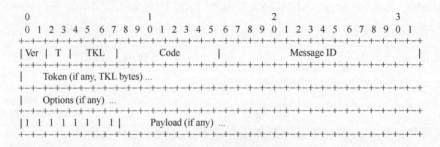

图 2-6 CoAP 报文结构

（5）LwM2M 协议

LwM2M 协议是开放移动联盟（OMA）提出的一种轻量级、标准通用的物联网设备管理协议[8]，用于快速部署客户端/服务器模式的物联网业务。LwM2M 为物联网设备的管理和应用建立了一套标准，提供了轻便小巧的安全通信接口及高效的数据模型，以实现 M2M 设备的管理和服务支持。该协议规范了许多基于电信网络的物联网设备管理功能，如远程设备操作、固件和软件更新、连接监控和管理，包括蜂窝管理和配置等。

LwM2M 协议具有基于 REST 的现代框架设计，定义了可扩展的资源和数据模型，在高效安全数据传输标准 CoAP 上运行。LwM2M 协议结构如图 2-7 所示。

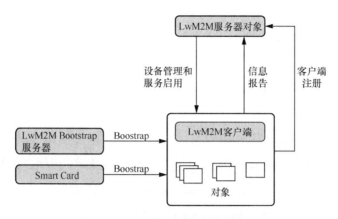

图 2-7　LwM2M 协议结构

LwM2M 协议定义了一个以资源为基本单位的模型，每个资源可以携带数值，可以指向地址，用于表示 LwM2M 客户端的每一项可用的信息。资源存储于对象实例中，即对象的实例化。LwM2M 协议预定义了 8 种对象来满足基本的需求，如表 2-1 所示。

表 2-1　LwM2M 的 8 种对象

对象	对象 ID
安全对象（Security）	0
服务器对象（Server）	1
访问控制对象（Access Control）	2
设备对象（Device）	3
连通性监控对象（Connectivity Monitoring）	4
固件对象（Firmware）	5
位置对象（Location）	6
连通性统计对象（Connectivity Statistics）	7

此外，协议也允许根据实际业务的需要自定义更多的对象。在数据模型中，用对象 ID 来表示资源、对象实例以及对象以实现最大限度的压缩。任何资源可以

用最多 3 级的简洁方式表示，例如，1/0/1 表示服务器对象第 1 个实例中的服务端资源。在注册阶段，客户端把携带了资源信息的对象实例发送给服务端，通知服务端自身设备具备的能力。

目前，LwM2M 协议的主要开源实现包括 OMA LwM2M DevKit、Eclipse Leshan、Eclipse Wakaama、AVSystem Anjay。LwM2M 协议在制造业、远程医疗、公共事业、远程控制、机器人技术、汽车以及安全行业有着广泛的应用。

（6）DDS 标准

DDS[9]由对象管理组发布和维护，是一个中间件协议和 API 标准，采用发布/订阅体系结构，强调以数据为中心，提供丰富的 QoS 策略，以保障数据进行实时、高效、灵活的分发，可满足各种分布式实时通信应用需求。

在汽车领域，Adaptive AUTOSAR 在 2018 年引用 DDS 作为可选择的通信方式之一[10]。DDS 的实时性使其适用于自动驾驶系统。这类系统中通常会存在感知、预测、决策和定位等模块，这些模块都需要高速和频繁地交换数据。借助 DDS，可以很好地满足它们的通信需求。DDS 在其他领域的应用也非常广泛，包括航空、国防、交通、医疗、能源等。

DDS 很好地支持设备之间的数据分发和设备控制，也适用于设备与云端的数据传输。同时，DDS 在数据分发的实时性方面表现出色，能够在毫秒级的时间内同时将大量消息传递给众多设备。此外，DDS 提供了多样化的服务质量保障方式，这使它在工业控制等对可靠性和安全性要求极高的应用领域得以广泛应用。然而，需要注意的是，目前 DDS 的应用多数集中在有线网络环境下，在资源受限的无线网络中尚未广泛实施。

概括来说，DDS 标准就是为了实现在正确的时间将正确的信息传递到正确的目的地而提供高效且高鲁棒性的传输。为了满足以上需求，在进行接口设计时必须保证按照以下方式设计：允许中间件提前分配资源以减少动态分配的资源，避免提供需要使用无线或者不可预测的资源才能实现的功能；尽可能地减少数据复制。

DDS 是一个以数据为中心的中间件协议和 API 标准，用户只关心想要的数据，数据通过主题（Topic）进行标识，这样发布者可根据主题发布数据，订阅者可根据感兴趣的主题订阅数据。

DDS 的另一个重要的特点是支持 QoS，其目前支持 22 种 QoS 策略，每种策略可以应用于不同的角色，针对同一角色可单独使用一种 QoS，也可以组合使用多种 QoS 策略。

OMG DDS 中间件标准可以帮助用户可靠、安全地利用不断增加的设备数据，同时实时处理数据，并在事件发生时尽快响应。因此，它可以实现更准确的决策、新的服务、更多的收入并降低成本。OMG DDS 中间件标准还可以简化物联网应用程序的开发、部署和管理，从而缩短产品上市时间。

（7）AMQP

AMQP 是一种面向消息中间件的应用层标准高级消息队列协议，旨在提供统一的消息服务。AMQP 是一个开放标准的应用层协议，专为面向消息的中间件而设计。基于 AMQP，客户端和消息中间件可以在不受限于不同产品、开发语言的条件下传递消息。

AMQP 是一个二进制协议，通常被划分为三层，即模型层、会话层和传输层。模型层定义了一套按功能分类的命令集，客户端应用可以使用这些命令来实现各种业务功能。会话层将消息、应答、指令在服务器与客户端应用之间传输，负责会话的同步机制和错误处理，确保消息传递的可靠性。传输层负责消息的传输，快速打包、解包需要传输的二进制编码，维护多个会话的连接，提供帧处理、信道复用、错误检测和数据表示。

AMQP 模型描述了一套模块化的组件以及它们之间的连接标准。在服务器端，3 个主要功能模块相互连接以完成所需的任务，具体如下。Exchange 模块负责接收来自应用程序发布的消息，并根据一定的规则将这些消息路由到消息队列。Message Queue 负责存储消息，直到这些消息被用户安全地处理。Binding 定义了Exchange 和 Message Queue 之间的关联，并提供路由规则。

AMQP 最早应用于金融系统之间的交易消息传递，在物联网应用中，主要应用于移动手持设备与后台数据中心的通信。

（8）XMPP

XMPP 是一种基于 XML 的协议，继承了 XML 环境中的灵活扩展性。通过扩展XMPP，可以发送自定义的信息以满足用户需求，还可以构建内容发布系统、基于地址的服务等应用程序。XMPP 还包括了针对服务端的软件协议，使其能够与其他系统进行通信，这使开发者能够轻松地创建客户端应用程序或为系统添加新功能。

在 XMPP 中，定义了 3 个核心角色，即客户端、服务端和网关。通信可以在这 3 个角色中的任意两者之间双向发生。服务端负责客户端信息记录、连接管理和信息路由。网关则负责与不同的实时通信系统进行互操作，这些系统包括 SMS、MSN、ICQ 等。基本的网络通信模式是客户端通过 TCP/IP 连接到服务器，然后传输 XML 数据。XMPP 传输的实时通信指令逻辑与已有方式（即二进制形式或纯文本指令加空格、参数、换行符的方式）相似，只是协议格式变为 XML 格式的纯文本。

XMPP 的优点是自由、开放、公开、易于理解，其在客户端、服务器、组件和源码库等方面，已经有了多种实现。XMPP 不仅可用于实时通信应用程序，还可用于网络管理、内容提供、协同工具、文件共享、游戏、远程系统监控等领域。然而，目前超过 70% 的 XMPP 服务器数据流量被重复传递给多个接收者。针对该问题，新的协议正在研究中，目的是减轻数据流的重复传递。但 XMPP 采用单一长 XML 文件的形式编码，无法提供对二进制数据的有效修改。

（9）JMS

JMS 是一种 Java 平台的 API，用于实现面向消息中间件（MOM）的应用程序接口，以便在两个应用程序之间或在分布式系统中进行消息传递和异步通信。JMS 是一个与具体平台无关的 API，绝大多数 MOM 提供商都对 JMS 提供支持，包括 IBM 的 MQSeries、BEA 的 WebLogic JMS 和 Progress 的 SonicMQ。

JMS 允许从一个 JMS 客户端向另一个 JMS 客户端发送消息，消息在 JMS 中被视为一种特殊类型的对象，由消息报头和消息主体两部分组成。消息报头包含有关消息的路由信息和元数据，消息主体则携带应用程序的数据或有效负载。根据有效负载的不同类型，可以将消息分为几种类型，它们分别携带原始值数据流（StreamMessage）、键值对（MapMessage）、字符串对象（TextMessage）、序列化的 Java 对象（ObjectMessage）、字节数据流（BytesMessage）。

JMS 应用程序结构支持两种模型：点对点模型和发布/订阅模型。

在点对点模型中，一个生产者将消息发布到特定的队列，而一个消费者从该队列中接收消息。该情况下，生产者知道消费者的队列，并直接将消息发送到该队列。

在发布/订阅模型中，消息被发布到特定的消息主题，允许零个或多个订阅者对接收来自特定消息主题的消息感兴趣。该模型下，发布者和订阅者彼此不知道对方的存在。

JMS 有两种传递消息的方式。标记为 NON_PERSISTENT 的消息最多传递一次，而标记为 PERSISTENT 的消息将使用暂存后再转送的传递机制。如果 JMS 未连接，持久性消息不会丢失，但需要等待服务重新连接后才会被传递。默认的消息传递方式是非持久性的，非持久性消息传递方式可能减少内存和需要的存储器，并且这种传递方式只有当不需要接收所有的消息时才使用。

尽管 JMS 规范并未要求 JMS 供应商实现消息的优先级路由，但确保了快速传递的消息将优先于普通级别的消息。JMS 定义了 0~9 的优先级，其中，0 表示最低优先级，9 表示最高优先级。0~4 表示正常优先级的范围，而 5~9 表示高优先级的范围。

此外，JMS 还定义了 5 种不同的消息正文格式和消息类型，以允许发送和接收不同形式的数据。JMS 消息正文格式如表 2-2 所示。

表 2-2　JMS 消息正文格式

消息正文格式	消息正文类型
StreamMessage	原始值数据流
MapMessage	键值对
TextMessage	字符串对象
ObjectMessage	序列化的 Java 对象
BytesMessage	字节数据流

目前开源的 JMS 实现有 Apache ActiveMQ、JBoss HornetQ、Joram、Coridan MantaRay、OpenJMS。私有的 JMS 实现有 BEA WebLogic Server JMS、TIBCO Software EMS 等。

2.4　网络层协议

网络层作为连接感知层和应用层的纽带，由各种私有网络、互联网、有线和无线通信网等组成，相当于人的中枢神经系统，负责将感知层获取的信息安全可靠地传输到应用层，然后根据不同的应用需求进行信息处理。物联网的网络层包括传输网和接入网，分别实现传输功能和接入功能。传输网由公网与专网组成，典型传输网包括电信网、广电网、互联网、电力通信网、专用网；接入网包括光纤接入、无线接入、以太网接入、卫星接入等各类接入方式，实现底层的传感器网络、RFID 网络最后的接入。物联网的网络层基本上综合了已有的全部网络形式，来构建更加广泛的"互联"。每种网络都有自己的特点和应用场景，组合在一起可以发挥出最大的作用，因此在实际应用中，信息往往由一种网络或几种网络组合的形式进行传输。而由于物联网的网络层承担着巨大的数据量，并且面临更高的服务质量要求，物联网需要对现有网络进行融合和扩展，利用新技术以实现更加广泛和高效的互联功能。常见的物联网网络层协议和技术总结如下。

（1）6LoWPAN 协议

6LoWPAN 协议具有无线低功耗、自组织网络的特点，是无线传感器网络使用的重要技术。6LoWPAN 允许将 IPv6 通信扩展到低功耗、资源受限的无线网络中。它通过有效地压缩 IPv6 报头，使其适用于资源受限的设备，并为这些设备应用 IPv6 进行通信提供有效方式。6LoWPAN 支持 IPv6，6LoWPAN 协议栈与 IP 协议栈的对比如图 2-8 所示。6LoWPAN 面向低功耗设备，使它们可以在电池供电的情况下工作，实现高效的通信。

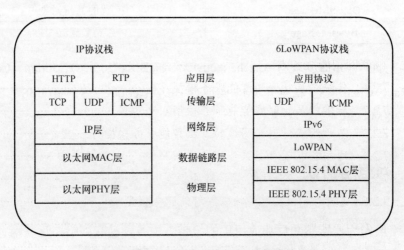

图 2-8　6LoWPAN 协议栈与 IP 协议栈的对比

（2）RoLL 协议

在物联网中，由于低功耗和有损网络路由问题难以解决，不能直接应用已有的路由协议，如无线自组网按需平面距离向量路由协议（AODV）、开放式最短路径优先协议（OSPF）等。因此，IETF 的 RoLL（Routing over Lossy and Low-power Networks）工作组开发了一种新的路由协议，即面向物联网环境的RoLL 协议。

（3）RPL 协议

RPL 协议是为低功耗和有损网络开发的路由协议。RPL 支持物联网网络中的多点对点流量。对于多点对点流量，RPL 创建了一个用于路由的目的地定向无环图（DODAG）。RPL 还具有可选的安全特性，以支持使用高级加密标准（AES）和 RSA 签名实现数据完整性的消息身份验证。

网络层的相关协议中，6LoWPAN 协议支持低功耗设备通过 IPv6 进行通信，支持与 IPv6 的集成；RoLL 协议更适合面向物联网场景；RPL 协议支持层次化路由结构和多种路由策略。

2.5 数据层协议

物联网数据层是重要的物联网基础设施组件，负责采集各种传感器、设备和节点生成的数据，并将数据传输至后台进行处理和存储；还负责将各种数据进行共享，使数据能够为各种应用程序、算法和数据分析工具所用。

物联网数据层协议主要包括以下几类。

（1）UDP

UDP 是传输层面向数据报的协议。UDP 适用于建立低时延容错连接的物联网应用。UDP 支持端口号，用于区分不同的用户请求和校验和，以验证接收到的数据。它使用最小的开销，但失去了可靠性。

（2）IPv6

IPv6 是为分组交换内部网络开发的互联网协议。要给物联网网络中每个对象提供唯一的标识，现有的 IP 地址已不够。IPv6 有 128 bit 的地址空间，将提供

43 亿个地址。此外，IPv6 还允许分层地址分配方法，以解决与路由表扩展相关的问题。

（3）uIP

微 IP（uIP）是由 Adam Dunkels 为嵌入式系统开发的 TCP/IP 的小型实现，使用 8 bit 或 16 bit 微控制器。开发 uIP 的主要目的是尽量为物联网系统减少运行内存和代码。在 uIP 上实现的基本协议是 IP、ICMP 和 TCP，也可以实现其他协议，如 ARP（Adaptive Streaming Protocol）、SLP（Service Location Protocol）和 PPP（Point to Point Protocol）。

（4）DTLS

DTLS 为物联网提供通信期间的隐私保护，避免窃听、伪造或篡改消息等。基本上，DTLS 是面向流 TLS 的数据报版本，在数据包丢失或重新排序的情况下提供安全支持。与 TLS 不同，DTLS 不受时延的影响，但存在与数据包丢失、数据包过大和数据包排序相关的问题。

2.6 应用层协议

物联网应用层是物联网体系结构中的最高层，负责处理从底层传感器和设备收集的数据，进行数据分析、处理和应用，将数据转化为可用的信息，实现各种智能化应用。应用层与感知层一样，是物联网的显著特征和核心所在，应用层可以对感知层采集的数据进行计算、处理和知识挖掘，从而实现对物理世界的实时控制、精确管理和科学决策。

物联网应用层的核心功能围绕两个方面：一是"数据"，应用层需要完成数据的管理和数据的处理；二是"应用"，仅管理和处理数据还远远不够，必须将这些数据与各行业应用相结合。例如，在智能电网中的远程电力抄表应用中，安置于用户家中的读表器就是感知层中的传感器，这些传感器在收集到用户用电的信息后，通过网络发送并汇总到供电企业的处理器上。该处理器及其对应工作就属于应用层，将完成对用户用电信息的分析，并自动采取相关措施。

从结构上划分，物联网应用层包括以下 3 个部分。

32

（1）物联网中间件。物联网中间件是一种独立的系统软件或服务程序，中间件将各种可以公用的功能进行统一封装，提供给物联网应用使用。

（2）物联网应用。物联网应用就是用户直接使用的各种应用，如智能控制、安防、电力抄表、远程医疗。

（3）云计算。云计算可以助力物联网海量数据的存储和分析。依据云计算的服务类型可以将云分为基础设施即服务（IaaS）、平台即服务（PaaS）和软件即服务（SaaS）。

常见的物联网应用层的协议和技术除了 MQTT、CoAP 以外，还有以下几种。

（1）HTTP/HTTPS

HTTP 是一种用于在 Web 上传输数据的应用层协议，基于客户端-服务器模型，通过 URL 来定位资源，使用请求-响应模式进行通信。HTTPS 是 HTTP 的安全版本，通过 TLS/SSL 对通信进行加密保护。HTTP 的通信简单直观，常用于 Web 应用。HTTPS 的数据传输经过加密，可提供更高的安全性，用于传输网页内容、API 等。

（2）AMQP

AMQP 是一种面向企业级消息传递的开放标准协议，用于可靠的消息传递服务，支持消息队列和路由功能，适用于构建复杂的消息传递系统。AMQP 定义了消息的格式和传输协议，可以确保消息在传递过程中不会丢失或被篡改；它支持广泛的消息路由模式，可以根据需要进行灵活配置。AMQP 提供可靠的消息传递，适用于对数据完整性要求高的场景，支持消息队列和路由，可以构建灵活的消息传递系统，因此常用于企业级应用中的消息传递系统，如金融交易、实时监控等。

（3）DDS

DDS 是一种用于实时系统的通信协议，通常用于复杂的分布式系统，提供了高性能、可靠的数据传输和交互。DDS 支持基于主题的数据交换，可以实现高效的数据分发和同步；提供了强大的 QoS 配置选项，可以根据应用需求进行定制。DDS 是一种高性能协议，适用于对数据传输速度有较高要求的场景，提供可靠的数据传输和交互能力，常用于需要高性能和与实时数据同步的应用领域，如航空航天、医疗等。

参考文献

[1] 谢希仁. 计算机网络（第七版）[M]. 兰州: 兰州大学出版社, 2019.

[2] NAIDU G A, KUMAR J. Wireless protocols: Wi-Fi SON, bluetooth, ZigBee, Z-wave, and Wi-Fi[M]. Singapore: Springer Singapore, 2019.

[3] 李淼, 马楠, 周椿入. 物联网系统应用层协议安全性研究[J]. 网络空间安全, 2017, 8(12): 40-44.

[4] ELHADI S, MARZAK A, SAEL N, et al. Comparative study of IoT protocols[EB]. 2018.

[5] YASSEIN M B, SHATNAWI M Q, ALJWARNEH S, et al. Internet of things: survey and open issues of MQTT protocol[C]//Proceedings of the 2017 International Conference on Engineering & MIS (ICEMIS). Piscataway: IEEE Press, 2017: 1-6.

[6] HERRERO R. MQTT-SN, CoAP, and RTP in wireless IoT real-time communications[J]. Multimedia Systems, 2020, 26(6): 643-654.

[7] SHELBY Z, HARTKE K, BORMANN C. The constrained application protocol (CoAP)[J]. RFC, 2014(7252): 1-112.

[8] RAO S, CHENDANDA D, DESHPANDE C, et al. Implementing LWM2M in constrained IoT devices[C]//Proceedings of the 2015 IEEE Conference on Wireless Sensors (ICWiSe). Piscataway: IEEE Press, 2015: 52-57.

[9] GEORGE G A, COLE-CLARKE P, JOHN N S, et al. Real-time monitoring of the cure reaction of a TGDDM/DDS epoxy resin using fiber optic FT-IR[J]. Journal of Applied Polymer Science, 1991, 42(3): 643-657.

[10] JAKOBS C, TRÖGER P, WERNER M, et al. Dynamic vehicle software with AUTOCONT[C]//Proceedings of the 2018 55th ACM/ESDA/IEEE Design Automation Conference (DAC). Piscataway: IEEE Press, 2018: 1-6.

第 3 章

物联网接入技术

3.1 物联网主流平台

3.1.1 物联网平台的概念

物联网平台是物联网系统的核心组成部分，物联网平台的发展和成熟对推动物联网的普及和应用具有重要意义。物联网平台属于软件基础设施，用于连接和集成物联网设备、传感器和其他相关组件，以实现设备之间的通信、数据收集和存储，并进行数据分析、应用开发和管理。物联网平台主要面向物联网领域中的个人、团队开发者、应用提供商、终端设备商、系统集成商、家庭和中小企业用户，提供物联网应用快速开发、广泛部署、订购使用、运营管理等方面的一整套集成云服务。物联网平台打破了孤立"竖井式"应用结构所形成的"信息孤岛"，为物联网应用提供标准体系结构，并支持多应用业务信息融合和服务共享，实现应用业务间的无缝集成与协作[1]。物联网平台具有以下优势。

① 具备强大可扩展性的物联网应用支持能力。物联网平台不但能够与现有的各类传输网络兼容，而且也可以适应不同类型的感知设备接入，提供了更加灵活的应用服务部署和业务互动共享方式，同时还可以根据用户的需求在平台上动

态添加新的应用功能。

② 强大的平台开发及运维支撑能力。物联网平台可以降低物联网业务应用开发成本、服务运营成本及维护成本。

③ 支持二次开发以及快速集成。物联网平台采用先进、成熟且符合国际标准的软硬件技术和可扩展的开放式体系结构，能够根据业务发展的需求和技术的进步，对平台功能及时做出调整。

④ 为物联网应用提供坚实的安全保障。物联网平台采用了多种信息加密方式与安全管理协议来保证数据传输过程的安全性，通过访问权限模板对感知设备、感知信息的可定制化访问权限实现灵活的管理。

3.1.2　物联网平台特点

物联网平台具有连接性、可扩展性、数据处理和分析、安全性和隐私保护、应用开发和部署等特点。

物联网平台的连接性是指物联网平台能够连接和管理大量的物联网设备，通过各种通信协议和技术实现设备之间的连接；物联网平台具备良好的可扩展性，是指物联网平台能够适应不断增长的设备数量和数据流量，以应对未来的增长需求；数据处理和分析是指物联网平台能够收集、存储和处理大规模的物联网数据，并通过数据分析和挖掘提取有价值的信息；安全性和隐私保护是指物联网平台可提供安全和隐私保护机制，确保设备和数据的安全性，并遵守相关的隐私法规和标准；应用开发和部署是指物联网平台提供了开发工具和接口，使开发者能够构建和部署物联网应用，实现自定义的功能和业务逻辑。

物联网平台的赋能可以从以下两个角度说明，一是作为数字化终端设备的集中化控制和管理中心，解决设备之间、设备与人之间、设备与应用之间的通信问题；二是对应用屏蔽连接链路和设备的差异化，以满足应用对设备的管理操控需求。物联网平台在横向产业领域和纵向技术深度上不断拓展，将物理世界的传感设备通过互联网接入虚拟的信息空间，提供通用资源访问的接口，来满足多样化的计算业务需求，促进了资源的开放共享。

3.1.3　当前主流云平台

当前主流云平台和边缘计算平台介绍如下。

（1）亚马逊 AWS IoT

亚马逊 AWS IoT（Amazon Web Services Internet of Things）是亚马逊公司提供的物联网平台解决方案，可为开发者和企业提供强大的工具和服务，用于构建、部署和管理物联网应用程序，其结构[2]如图 3-1 所示。

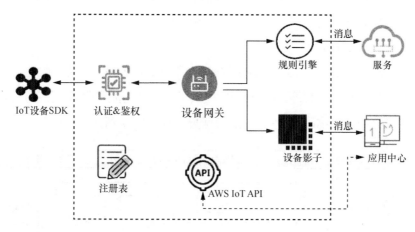

图 3-1　AWS IoT 结构

AWS IoT 提供了一系列功能和服务，以帮助用户轻松构建和管理物联网系统。

① AWS IoT 提供了安全、可靠的设备连接，支持多种通信协议和设备类型。无论是传感器、智能设备还是工业设备，都可以通过 AWS IoT 平台与云端进行通信，实现设备到设备和设备到云端的连接。

② AWS IoT 提供了设备注册和身份验证的功能，确保只有授权的设备才能够接入系统。这种安全机制防止了未经授权的设备入侵和数据泄露，确保了物联网系统的安全性和隐私性。

③ AWS IoT 提供了设备管理和监控的功能。用户可以使用 AWS IoT 平台来管理和监控物联网设备的状态、固件版本、配置和性能。这使用户可以远程管理和控制设备，进行故障排除和固件更新，提高了设备的可用性和维护效率。

④ AWS IoT 提供了强大的数据处理和分析功能。它能够接收、存储和处理大规模的物联网数据流。用户可以使用 AWS IoT 平台进行数据分析、挖掘和建模，从中提取有价值的信息，支持业务决策和优化。

⑤ AWS IoT 与其他 AWS 云服务紧密集成，例如 AWS Lambda、Amazon S3 和 Amazon Machine Learning 等。这为用户提供了更广泛的功能和服务，例如实时数据处理、存储和机器学习等，使物联网应用能够更加智能和灵活。

⑥ AWS IoT 提供了具有可扩展性和高可用性的结构。它能够自动处理大规模的设备连接和数据流，并具备高度可靠的云端基础设施。这使用户能够构建可靠和高性能的物联网应用，以应对不断增长的设备和数据规模。

（2）微软 Azure IoT

微软 Azure IoT 是微软公司提供的物联网平台解决方案，旨在帮助企业构建、部署和管理物联网应用程序。Azure IoT 提供了一系列功能和服务，使用户能够轻松连接、监控和分析物联网设备数据，其结构[3]如图 3-2 所示。

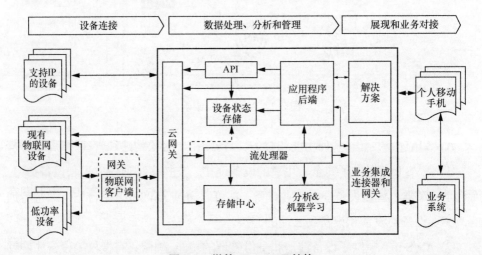

图 3-2　微软 Azure IoT 结构

① Azure IoT 提供了灵活的设备连接和通信机制。它支持多种通信协议和设备类型，使各种物联网设备都能够与云端进行安全稳定的通信。无论是传感器、智能设备还是工业设备，都可以通过 Azure IoT 平台与云端进行连接和数据交互。

② Azure IoT 提供了强大的设备管理和监控功能。用户可以使用 Azure IoT 平

台来管理和监控物联网设备的状态、固件版本、配置和性能。这使用户能够远程管理和控制设备，进行故障排除和固件更新，提高了设备的可用性和维护效率。

③ Azure IoT 还提供了高度可扩展的数据处理和分析能力。它能够接收、存储和处理大规模的物联网数据，并提供实时的数据分析和洞察。用户可以使用 Azure IoT 平台进行数据挖掘、建模和预测，从中获得有价值的信息，支持业务决策和优化。

④ Azure IoT 与其他 Azure 云服务紧密集成，例如 Azure Functions、Azure Stream Analytics 和 Azure Machine Learning 等。这为用户提供了更广泛的功能和服务，例如实时数据处理、存储和机器学习等，使物联网应用能够更加智能和灵活。

（3）谷歌云平台

谷歌云平台（Google Cloud Platform，GCP）是由谷歌公司提供的一套全面的云计算服务。作为一个综合性的云平台，GCP 不仅提供了计算、存储和网络服务，还提供了一系列专业的数据分析、人工智能和物联网解决方案，其结构[4]如图 3-3 所示。

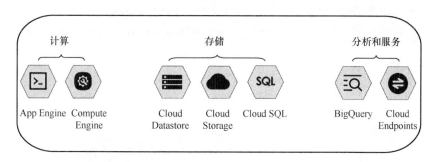

图 3-3　谷歌云平台

① GCP 提供了高度可扩展和灵活的计算资源。用户可以根据实际需求轻松创建和管理虚拟机实例，构建弹性和可靠的应用程序。此外，GCP 还提供了容器化解决方案，如 GKE（Google Kubernetes Engine），使用户能够更轻松地部署和管理容器化应用。

② GCP 提供了丰富的存储服务。从持久性对象存储（如 Google Cloud Storage）到高性能数据库（如 Google Cloud Spanner），GCP 提供了多种存储选项，以满足不同应用场景的需求。此外，GCP 还提供了数据备份、恢复和归档的解决方案，确保数据的安全性和可靠性。

③ GCP 拥有强大的数据分析和人工智能功能。用户可以使用 Google BigQuery 进行大规模数据分析和查询，通过数据挖掘和机器学习服务（如 Google Cloud AI）获得有价值的信息。此外，GCP 还提供了自然语言处理、图像识别和语音识别等先进的人工智能服务，支持构建智能化的应用程序。

④ GCP 提供了安全性和隐私保护的解决方案。谷歌在安全性和隐私保护方面具备较强的专业知识，并通过严格的安全控制和数据加密保护用户的数据。GCP 还提供了身份和访问管理、防火墙和安全审计等工具，帮助用户保护其云上资产和数据的安全。

⑤ GCP 与其他谷歌服务（如谷歌搜索和谷歌地图）紧密集成，提供了更大的灵活性和功能扩展。用户可以将谷歌的各种服务与 GCP 集成，以构建更强大、更智能的应用程序和解决方案。

（4）IBM Watson IoT

IBM Watson IoT 由 IBM 开发，旨在帮助企业实现物联网设备的智能连接、监控和采集数据的分析，其结构[5]如图 3-4 所示。IBM Watson IoT 平台具备强大的分析和认知能力，能够将物联网设备生成的海量数据转化为有意义的决策。平台的特点介绍如下。

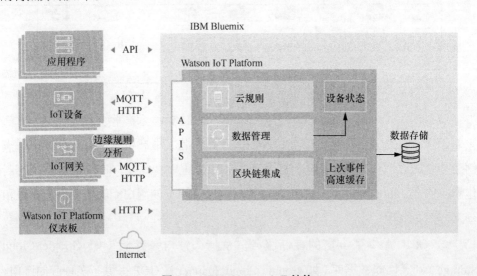

图 3-4　IBM Watson IoT 结构

① IBM Watson IoT 提供了可靠且安全的设备连接和通信机制。它支持多种通

信协议和设备类型，使各种物联网设备能够可靠地与云端进行通信。同时，它提供了安全认证和数据加密的功能，确保物联网系统的安全性和隐私性。

② IBM Watson IoT 具备先进的数据分析和认知能力。它能够接收、存储和处理大规模的物联网数据，并使用机器学习和人工智能技术进行数据分析和洞察。用户可以利用该平台进行数据挖掘、预测和优化，从数据中发现隐藏的模式和关联，以支持更智能的业务决策。

③ IBM Watson IoT 与其他 IBM 的认知服务和分析工具紧密集成。例如，它与 IBM Watson 人工智能服务相结合，可以实现自然语言处理、图像识别和语音识别等高级功能。这使用户能够构建更具智能化的物联网应用程序，从而提升用户体验和业务效益。

④ IBM Watson IoT 提供了开放的结构和生态系统，与第三方系统和解决方案集成。这使用户可以利用现有的 IT 基础设施和应用程序，与 IBM Watson IoT 平台进行集成，实现更广泛的功能和业务集成。

（5）百度天工智能物联网平台

百度天工智能物联网平台专注于为工业制造、能源、物流等领域的产业物联网提供解决方案。百度天工提供一套端到云的全栈物联网平台，包括物联网设备接入、数据解析、设备管理、时序数据库和规则引擎五大核心产品。该平台拥有千万级设备接入能力、每秒处理百万级数据点的读写能力和高效的数据压缩能力，提供全面的端到端安全保护，并能与百度的天算智能大数据平台无缝对接。这为用户提供了高速、安全、高性价比的智能物联网服务。

凭借百度在人工智能、大数据、云计算、移动服务、安全等领域的优势，百度天工智能物联网平台的优势十分明显。第一，它建立在百度云的基础之上，提供了从网络到中间件、从计算到存储、从大数据到人工智能的全方位服务。第二，分布在全国各地的自研数据中心拥有丰富的资源、节点和信息传播中心设施，可提供 Tbit/s 级带宽接入，以确保高扩展性以及支持快速连接大量设备。第三，该平台支持多种协议解析与转换，包括 Modbus 和 BACnet等。第四，基于国内最大的服务器集群，它具备强大的大数据分析能力，能够快速发现数据的价值，从而提供最优的服务。图 3-5 为百度天工智能物联网平台结构[6]。

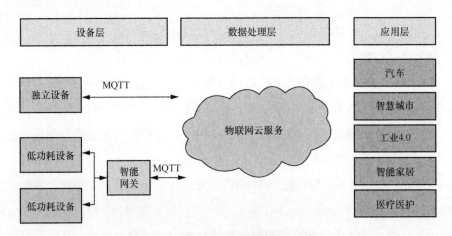

图 3-5　百度天工智能物联网平台结构

百度天工智能物联网平台分为设备层、数据处理层和应用层。设备接入有两种方式，通过 MQTT 直接接入设备和通过智能网关连接将组网设备接入，利用物联网云服务对设备数据进行处理，应用场景涉及汽车、智慧城市、工业 4.0、智能家居、医疗医护等。

（6）阿里云物联网套件

阿里云物联网套件为开发者提供了安全且高性能的数据通道，使终端设备（如传感器、执行器、嵌入式设备、智能家电等）能够与云端实现双向通信。该套件支持多种应用场景，包括设备到云端的通信、云端到设备的通信、设备与云端的异步请求，以及跨不同厂商设备的互联。

开发者可以使用 CAN 标定协议（CCP）实现发布/订阅模式的异步通信，也可以使用远程过程调用（RPC）模式实现设备与云端的通信。此外，基于开源 MQTT 协议，用户可以将设备连接到阿里云 IoT，实现发布/订阅模式的异步通信。

在安全性方面，阿里云物联网套件提供多层次的安全保护，以确保设备与云端的安全通信。性能方面，该套件能够支持亿级设备的长连接，并处理百万级消息的并发。此外，还提供了一站式的托管服务，用户不需要购买服务器或部署分布式结构，就可解决从数据采集、计算到存储等多个功能的实现。通过规则引擎，用户只需在 Web 界面上配置规则，就能实现采集、计算、存储等全套服务。图 3-6 为阿里云物联网套件结构[7]。

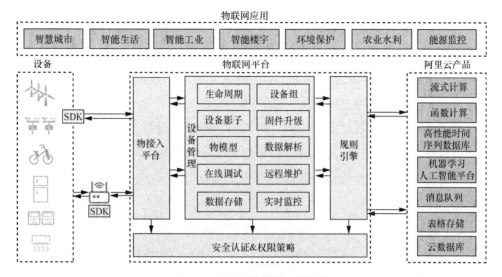

图 3-6　阿里云物联网套件结构

（7）QQ 物联平台

QQ 物联平台旨在将 QQ 账号体系、好友关系网络、QQ 消息通道、音视频服务等核心能力提供给穿戴设备、智能家居、智能车载和传统硬件等领域的合作伙伴，以实现用户与设备、设备与设备、设备与服务之间的无缝连接。通过充分利用腾讯 QQ 拥有的数亿手机用户和强大的云服务优势，在更广泛的范围内，助力传统产业实现全面的互联网化转型，让每一个硬件设备变成用户的 QQ 好友。图 3-7 为 QQ 物联平台结构[8]。该平台支持 Wi-Fi 设备、GSM 设备、蓝牙设备的公测接入，对于可独立联网的硬件设备，嵌入 QQ 物联硬件 SDK 或者直接使用 QQ 物联的集成模块后，可直接与 QQ 物联云连接，开发者不需要具备独立 App 或者云端的研发能力。

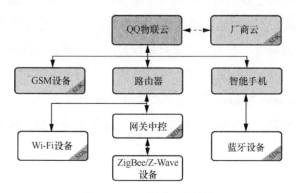

图 3-7　QQ 物联平台结构

目前，QQ 物联的设备包括四大类：音视频类产品、沟通互动类产品、数据采集类产品以及无线控制类产品。功能从快速接入物联网、App 研发及维护、消息/文件沟通等基础能力延展至业务定制云（统计、分析、存储等）、身份识别一体化（未上线）等高级能力。QQ 物联以轻 App 的形式呈现。当用户绑定了某款智能设备后，在"我的设备"列表中单击该款设备，进入的第一个界面即该款设备的轻 App。轻 App 具有用于控制设备的前端 JS 接口 Device API，该接口具备发送消息、接收消息等基础能力，也有视频通话、图片上传、分享等特有能力。

QQ 物联的优势在于其将 QQ 在社交方面的应用引入物联网中，协助传统硬件快速迈向智能化，降低合作伙伴在云端、App 端等方面的研发成本，提升用户黏性，同时通过开放腾讯丰富的网络服务，为硬件创造更多创新的可能性。

（8）中移物联网开放平台 OneNET

OneNET 是中移物联网有限公司搭建的开放、共赢设备云平台，可为各种跨平台物联网应用、行业提供解决方案。该平台提供便捷的云端连接、数据存储、计算和可视化功能，能够迅速构建物联网产品和应用，降低开发成本。图 3-8 为中移物联网开放平台 OneNET 结构[9]。

OneNET 分为设备域、平台域和应用域，拥有 IoT PaaS 基础能力、SaaS 业务服务、IoT 数据云等几大服务。OneNET 作为 PaaS 层，在物联网开放平台中充当 SaaS 层和 IaaS 层之间的连接桥梁，向上下游提供关键的中间层能力。

中移物联网开放平台拥有流分析、设备云管理、多协议配置、轻应用快速生成、API、在线调试几项功能。接入平台的操作流程包括登录注册、创建产品、添加设备、建立数据流、查看数据以及新建应用等步骤。设备能够通过私有协议和标准协议与平台进行对接。私有协议方面，该平台采用了 RGMP（Remote Gateway Management Protocol），但不提供该协议的报文说明。标准协议则包括 HTTP、EDP、MQTT、Modbus、JT/T808 等，对于每种协议，该平台都提供了相应的报文说明文档。

中移物联网开放平台 OneNET 的优势在于一站式托管，能够支持多种协议智慧解析，提供数据存储和大数据分析功能。

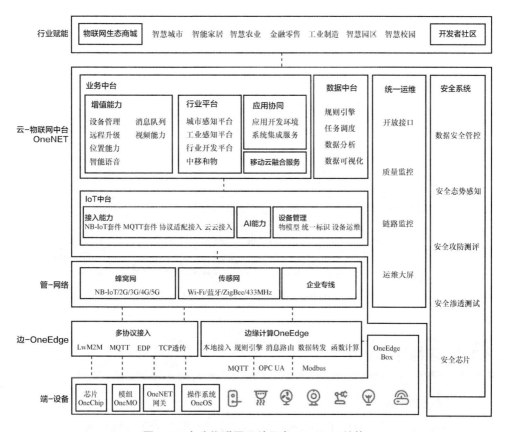

图 3-8　中移物联网开放平台 OneNET 结构

（9）华为云 IoT 平台

华为云 IoT 平台是专为运营商和企业/行业领域设计的统一开放云平台，其结构[10]如图 3-9 所示，通过开放的 API 和专有的 Agent，将多种行业应用整合至平台上游，同时将各类传感器、终端设备和网关接入至平台下游，以实现终端设备的快速接入以及应用的迅速集成。华为云 IoT 平台现已商用于多个运营商和企业，其独特性体现在多种接入方式、强大的开放与集成能力、大数据分析与实时智能、支持全球主流 IoT 标准、应用预继承的解决方案以及生态链的构建方面。以 IoT 平台为核心推出开放生态环境 Ocean Connect，提供了 170 多种开放 API 和系列化 Agent 加速应用上线，实现上下游产品的无缝连接，面向合作伙伴提供一站式服务。

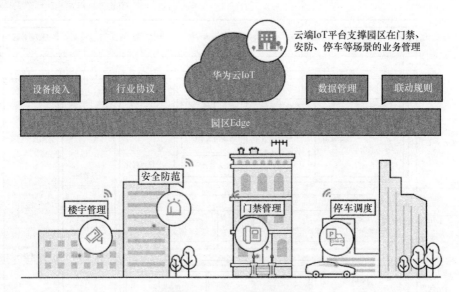

图 3-9　华为云 IoT 平台结构

3.1.4　边缘计算平台

（1）GE Predix

GE Predix 是通用电气（General Electric，GE）提供的工业物联网（IIoT）平台解决方案，致力于帮助企业实现智能化工业生产和运营。图 3-10 为 GE Predix 平台结构[11]。作为一个专注于工业领域的物联网平台，GE Predix 提供了一系列功能和服务，使用户能够连接、监控和优化工业设备和系统。

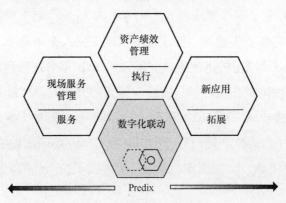

图 3-10　GE Predix 平台结构

① GE Predix 支持多种通信协议和设备类型，使各种工业设备能够安全地与云端进行通信。通过安全认证和数据加密等机制，GE Predix 确保了工业物联网系统的安全性和数据隐私。

② 用户可以使用 GE Predix 对工业设备进行监控、追踪和诊断。它提供了实时数据收集和分析的能力，帮助用户了解设备状态、性能和健康状况。这使用户能够实现设备的远程管理、故障排除和预测性维护，提高工业生产的可靠性和效率。

③ GE Predix 能够接收、存储和处理大规模的工业数据，并利用机器学习和人工智能技术进行分析和建模。通过数据挖掘和洞察，用户可以发现潜在的优化机会和效率提升点，实现智能化的工业生产和运营。

④ GE Predix 与 GE 的工业解决方案和服务紧密集成。它可以与 GE 的工业设备、控制系统和数据分析工具集成，为用户提供更深入的工业洞察和业务集成。这使用户能够实现全面的工业数字化转型，提升生产效率、降低成本和提高产品质量。

⑤ GE Predix 支持开放的结构和生态系统，与第三方系统和解决方案集成。用户可以利用现有的 IT 基础设施和应用程序，与 GE Predix 平台进行集成，实现更广泛的功能和业务扩展。

总而言之，GE Predix 是一个专注于工业领域的物联网平台，提供了可靠的设备连接、强大的设备管理和优化能力。它的数据分析和智能化能力使用户能够从工业设备和系统中获得有价值的信息，推动工业生产的数字化转型和业务发展。

（2）Siemens MindSphere

Siemens MindSphere 是西门子提供的工业物联网（IIoT）平台，旨在帮助企业实现数字化转型和智能化生产，其结构[12]如图 3-11 所示。作为一种开放式、云原生的解决方案，MindSphere 提供了连接、监控和分析工业设备数据的功能。

用户可以使用 MindSphere 平台对工业设备进行实时监测、追踪和诊断。MindSphere 提供了数据收集、存储和分析的能力，帮助用户了解设备状态、性能和健康状况。这使用户能够实现设备的远程管理、故障预测和优化，提高工业生产的效率和可靠性。MindSphere 利用机器学习和人工智能技术提取有价值的信息，使用户可以通过数据挖掘和模式识别发现潜在的优化机会和改进点，实现智能化的生产和运营。

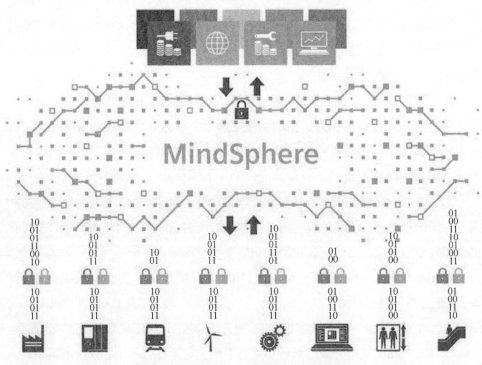

图 3-11　Siemens MindSphere 平台结构

　　MindSphere 与西门子的工业解决方案和服务紧密集成。它可以与西门子的工业设备、自动化系统和数据分析工具无缝连接，为用户提供全面的工业洞察和业务集成。这使用户能够实现全面的数字化转型，优化生产流程、提高质量和灵活性。

3.1.5　物联网开源平台

（1）Eclipse IoT

　　Eclipse IoT 是一个开源的物联网平台，旨在促进物联网技术的发展和应用，其结构[13]如图 3-12 所示。它提供了一系列开源项目和工具，用于构建可靠、安全和可扩展的物联网解决方案。Eclipse IoT 平台支持多种通信协议和设备类型，提供设备管理、数据收集和分析、云服务和应用开发等功能。它的开源性使开发者和厂商可以自由定制和扩展平台，满足各种物联网应用的需求。

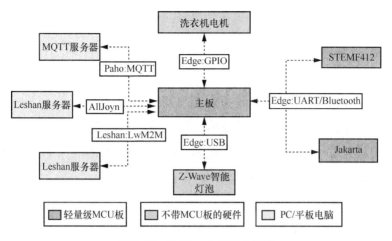

图 3-12　Eclipse IoT 平台结构

（2）ThingsBoard

ThingsBoard 是一个开源的物联网平台，专注于设备管理和数据可视化，其结构[14]如图 3-13 所示。它提供了设备连接、注册和监控的功能，支持多种通信协议和设备类型。通过 ThingsBoard，用户可以实时追踪和管理物联网设备，监控其状态、性能和数据。此外，ThingsBoard 还提供了丰富的数据可视化和分析功能，帮助用户将设备生成的数据转化为有意义的图表、仪表盘和报告，以支持业务决策和优化。

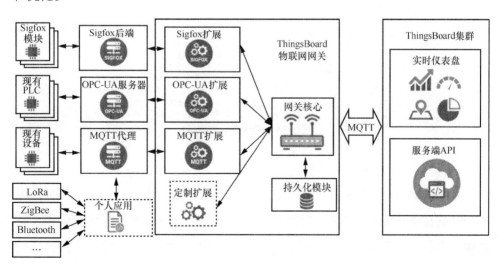

图 3-13　ThingsBoard 平台结构

（3）Kaa

Kaa 是一个开源的物联网平台，旨在简化物联网解决方案的开发和部署，其结构[15]如图 3-14 所示。它提供了一系列的功能模块和服务，用于设备连接、数据管理、消息传递和应用开发。Kaa 平台支持多种通信协议和设备类型，并提供了设备注册、远程配置和固件升级等功能。它还提供了可扩展的数据存储和分析能力，帮助用户处理和利用设备生成的数据。Kaa 的开放性和可定制性使用户能够根据自己的需求构建和定制物联网解决方案。

图 3-14　Kaa 平台结构

（4）Home Assistant

Home Assistant 是一个开源的智能家居平台，用于集成和控制各种智能设备和家庭自动化系统，其结构[16]如图 3-15 所示。它支持多种通信协议和设备品牌，使用户能够将不同厂商的智能设备集成到一个统一的平台中进行控制和自动化。Home Assistant 提供了一个直观的用户界面，使用户可以通过该界面来管理设备、创建自动化规则和监控家庭状态。此外，Home Assistant 还支持语音助手集成，如 Amazon Alexa 和 Google Assistant，以提供更便捷的智能家居体验。

图 3-15　Home Assistant 平台结构

综上所述，物联网平台的思维，可以实现在横向产业领域和纵向技术深度上不断拓展，将物理世界的传感设备通过互联网接入虚拟的信息空间，开放出普适的资源访问接口，以满足不同计算业务场景的需求，实现资源的开放共享。

3.2　物联网平台接入方法

现有物联网平台均以设备为中心，即物联网平台提供商通过为设备生产厂商提供开发 SDK、物联网操作系统或直接使用支持相应平台的通信模组的方式实现设备的快速接入。这导致物联网设备与物联网平台生态的强绑定关系，但采用 SDK 或操作系统的接入方式在一些资源受限的设备上并不适用。而且，以设备为中心的物联网平台在应用开发时依赖于具体的设备模型，在设备更换或添加同类型不同厂商设备时存在扩展性问题。基于以上原因，设备相对应的应用只能由设备生产厂商自行开发，导致生产同一设备的不同厂商均需开发功能类似的应用，造成资源的浪费。而独立的第三方应用开发者或解决方案提供商想要针对某一场景开发解决方案时，需要适配各种设备生产厂商，且通用性差，导致智能家居和智慧社区等场景在落地时存在巨大阻碍。

针对物联网应用与设备间的强耦合问题，出现了针对应用的虚拟设备数据模型三层映射方法。针对由标准组织主导的数据格式标准化方法无法满足物联网市场设备种类众多且不断兴起的新型物联网设备市场化的需求问题，出现了面向应用开发人员的虚拟设备标准数据模型构建方法。

3.2.1　IPaaS 体系结构

以设备为中心的物联网平台不能有效利用现有的软件开发公司和个人为其开发应用，严重影响了物联网的应用进程。构建以应用开发为中心的物联网平台，可以更好地利用现有的软件开发公司与个人，提高构建物联网应用的灵活性、用户体验感和软件质量。构建以应用开发为中心的物联网平台，最核心的问题就是在平台侧解决任意协议已知的物联网设备的接入问题，构建针对应用开发的稳定虚拟设备数据模型映射机制，并研究适用于软件开发人员的虚拟设备数据模型共享共建方法。

基于 TCP 或 UDP 服务端口与网络应用协议之间的映射关系，本节提出了物联网异构设备平台侧自适应接入方法 IPaaS。IPaaS 解决了市面上物联网设备只能够修改设备指向（即设备信息上报的目的 IP 和端口）的事实，让应用开发者以最小代价接入设备与维护应用。

IPaaS 是物联网平台侧的异构设备自适应接入方法，可分为物接入、物解析、物模型三部分[17]，如图 3-16 所示。物接入功能对应总体结构中的设备接入层，物解析功能的核心是虚拟设备数据模型三层映射方法，物模型则构建面向应用开发人员的虚拟设备标准数据模型开源协同机制。物接入解决非标准物联网协议的平台侧标识问题，物解析解决缺乏适用于针对应用开发稳定的虚拟设备数据模型构建方法问题，物模型解决由标准组织主导的数据格式标准化方法无法满足物联网市场设备种类众多且不断兴起的新型物联网设备市场化的需求问题。

物解析功能是 IPaaS 的核心，分为应用数据模型、模型映射和虚拟设备模型三层，统称为虚拟设备数据模型三层映射方法，与虚拟设备标准数据模型共同完成物联网异构数据格式的解析与标准化。

虚拟设备标准数据模型由软件开发人员熟悉的开源协同方式构建，应用数据模型使用虚拟设备标准数据模型作为其对设备的统一描述。软件开发直接基于应用数据模型，不针对具体设备，不同厂商设备由虚拟设备模型表示，通过模型映射完成虚拟设备数据格式到应用数据模型统一描述的转换，应用数据模型与虚拟设备模型为一对多关系，可实现虚拟设备模型的热插拔，从而实现应用数据模型对应用开发的稳定。

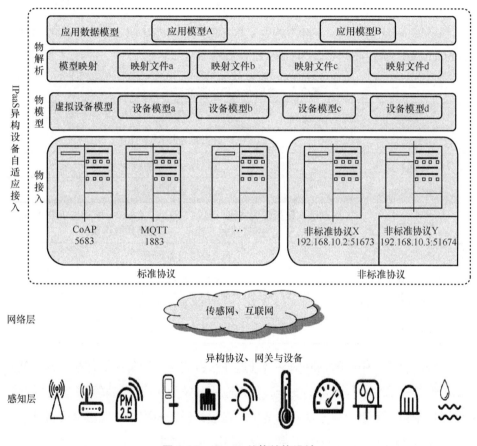

图 3-16　IPaaS 总体结构设计

IPaaS 物联网平台侧异构设备接入方案分为 4 个层次，分别为设备接入层、虚拟设备模型层、模型映射层和针对应用开发稳定的虚拟设备数据模型层，简称应用数据模型层。

（1）设备接入层

设备接入层完成设备的接入工作，分为标准协议接入模块和非标准协议接入模块。标准协议接入模块使用协议默认端口号并按照协议标准实现协议，非标准协议接入模块以五元组中的目的 IP 和目的端口号作为非标准协议的唯一标识，为每一种非标准协议分配固定且唯一的 IP+端口，用于适配相应的非标准协议。

（2）虚拟设备模型层

虚拟设备模型层负责同类型虚拟设备的抽象表示，是虚拟设备的集合。虚拟设备属性包括 ID、Name、Description、Protocol、DeviceList、RawdataID、SN 和 Manufacturer。属性描述如表 3-1 所示。

表 3-1　虚拟设备模型属性描述

属性	描述
ID	虚拟设备模型标识
Name	虚拟设备模型名称
Description	虚拟设备模型描述
Protocol	虚拟设备模型使用协议，包括 MQTT、CoAP、非标准 JSON 物联网协议、非标准二进制物联网协议
DeviceList	虚拟设备列表
RawdataID	原始数据格式标识
SN	引用数据模型标识
Manufacture	设备生产厂商

传统以设备为中心的物联网平台通过在平台侧生成设备密钥并在设备侧使用密钥的形式保障平台与设备的安全，但以应用开发为中心的物联网平台无法在设备侧增加密钥，所以上述方法不再适用。在虚拟设备模型中设置虚拟设备列表，通过虚拟设备标识（DeviceID）完成设备与平台的绑定，保障平台的安全。

RawdataID 是设备接入层用于异构协议的标识，但设备接入层由于同时存在多种协议标识方法，各协议标识方法所提取的标识并不统一，不适用于作为虚拟设备模型的标识。因此通过 RawdataID 和虚拟设备模型标识的对应关系，设计统一标识。

（3）模型映射层

模型映射层负责将原始异构的数据格式转换成开发者在平台上描述的应用数据模型。该模型映射方法分别针对 JSON 和二进制形式的物联网协议，采用不同的方法完成映射。针对 JSON 形式的物联网协议，首先在原始数据中查找数据模型中对应的数据，然后将数据处理成标准数据模型规定的形式，完成协议原始数据到数据模型的映射。针对二进制形式的物联网协议，通过 kaitai 结构完成与应用数据模型的映射。

（4）应用数据模型层

应用数据模型层通过构建一个虚拟层的方式屏蔽底层异构的虚拟设备模型，为应用开发提供一个稳定的设备模型，与应用开发接口对接，针对不同设备生产厂商只需开发不同的模型映射描述文件即可，保证应用开发不受设备更换的影响。应用数据属性包括 SN、Name、Description、NodeList、Namespace 和 Version。应用数据模型属性描述如表 3-2 所示。虚拟节点（NodeID）是针对应用的虚拟设备标识，由于不同设备生产厂商虚拟设备标识异构，即 DeviceID 异构，不适用于直接作为针对应用的标识，因此使用 NodeID 作为虚拟设备针对应用的统一标识。

表 3-2　应用数据模型属性描述

属性	描述
SN	应用数据模型标识
Name	应用数据模型名称
Description	应用数据模型描述
NodeList	应用节点列表
Namespace	虚拟设备标准数据模型命名空间
Version	虚拟设备标准数据模型版本

3.2.2　IPaaS 接入流程

IPaaS 物联网平台侧异构设备接入方法包括协议标识获取模块和异构协议统一化中间件两部分。协议标识获取模块实现总体结构中的设备接入层非标准物联网协议的标识，异构协议统一化中间件实现虚拟设备模型层、模型映射层和应用数据模型层。IPaaS 设计的用户通过图形化接口接入分为两步，首先用户在平台构建应用数据模型，然后用户在平台上创建虚拟设备模型并与应用数据模型及虚拟设备进行绑定。

平台协议解析流程如图 3-17 所示，其流程描述如下。

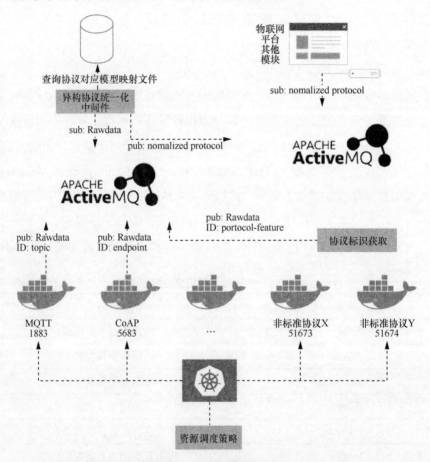

图 3-17　平台协议解析流程

步骤 1：所有协议适配层组件均运行于 Docker 容器中，并由 Kubernetes 统一调度管理。标准协议在接收到数据后进行协议相关处理，非标准协议直接进行转发操作。标准协议采用的开源中间件为 mosquitto 处理 MQTT 协议，californium 处理 CoAP。

步骤 2：发布原始数据到消息队列，形式为 topic:Rawdata {ID: #{RawdataID}, data: #{data}}，"#{ }"中值为变量，RawdataID 是设备接入层用于异构协议的标识。

步骤 3：由异构协议统一化中间件消费原始数据，根据 ID 查找协议对应的数据模型映射文件并进行统一化处理，将统一化处理后的结果再次发布到消息队列供平台其他模块使用，发布主题为 topic: nomalized protocol {ID: {#NodeID}, data: #{data}}。

异构协议统一化中间件操作流程如图 3-18 所示，其流程描述如下。

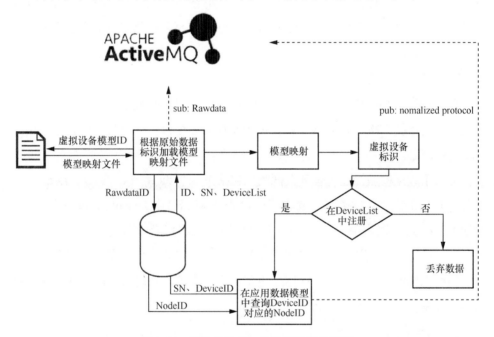

图 3-18　异构协议统一化中间件操作流程

步骤 1：订阅消息中间件上的 Rawdata 主题，进行原始数据的接收。

步骤 2：根据 Rawdata 中的 ID 字段查询对应的虚拟设备模型的 ID、SN、DeviceList 等信息。

步骤 3：模型映射文件由虚拟设备模型 ID 命名，根据虚拟设备模型 ID 查找到对应的模型映射文件。

步骤 4：进行原始数据到应用数据模型的映射工作，并获取虚拟设备标识（DeviceID）。

步骤 5：根据虚拟设备标识在 DeviceList 中查询设备是否注册。

步骤 6：在应用数据模型中根据 SN 查询 DeviceID 对应的 NodeID。

步骤 7：组织数据并重新发布到消息中间件供其他模块使用。

3.2.3 虚拟设备标准数据模型

通过使用软件开发人员熟悉的开源协同方式，研究开发人员能够充分参与以应用开发为中心的虚拟设备标准数据模型构建方法。开源协同的虚拟设备标准数据模型构建方法包括适用的数据结构设计、标识符命名规范和虚拟设备标准数据模型的协同共享机制研究。

（1）数据结构设计

以设备为中心的物联网平台无法实现平台各租户之间数据模型的共享。通过定义适用的数据结构，将数据模型表示为元数据的组合，从而为实现数据模型的共享奠定基础。

可用于数据模型描述的基础数据类型包括 byte、short、int、long、float 等，定义与 Java 语言的数据类型一致。时间类型与 Java 语言中 Java.util.Date 类型一致，枚举类型和 Java 语言中的二进制类型一样符合 base64 编码规范。

数据结构设计包括档案信息和功能两个概念。档案信息的作用是概念化物理对象的静态属性，例如名称、描述、设备生产厂商等。功能表示由物理对象提供的动态数据。

① 档案信息

档案信息是一系列键值对的组合，档案信息又分为系统档案信息和用户档案信息。

系统档案信息表示从系统接收的信息（如虚拟对象的唯一 ID），用户档案信息则表示从用户接收的信息（如设备名称）。用户档案信息有两种类型：强制属性和可选属性。例如，服务对象必须具有其名称，而描述可以省略。档案信息可以嵌套在另一个档案信息中，也可以组合在一起。

系统档案信息包含 JSON Schema、Namespace 和 Version，描述如表 3-3 所示。JSON Schema 表示描述标准数据模型时所使用 JSON Schema 的版本信息；

Namespace 是标准数据模型的命名空间，用于标识标准数据模型；Version 用于标识当前标准数据模型的版本信息。

表 3-3　系统档案信息描述

键	是否强制	数据类型	描述
JSON Schema	是	String	描述标准数据模型时所使用 JSON Schema 的版本信息
Namespace	是	String	标准数据模型的命名空间，用于标识标准数据模型
Version	是	String	用于标识当前标准数据模型的版本信息

用户档案信息的描述如表 3-4 所示。其中，Name 是用于向用户展示的标准数据模型名称；Description 是用于向用户展示的标准数据模型描述；Type 表示虚拟实体类型，包含传感器、执行器和设备，设备是一系列传感器和执行器的集合且包含设备自有逻辑属性，如设备的状态等；Using 表示模型所引用的平台公有的标准数据模型；Public 表示数据模型是否公开，与标准数据模型的协同共享机制有关；DeviceID 是虚拟设备标识，指向标准数据模型功能中可以标识该设备的属性，用于标识同种设备的不同虚拟设备实体。

表 3-4　用户档案信息描述

键	是否强制	数据类型	描述
Name	是	String	向用户展示的标准数据模型名称
Description	否	String	向用户展示的标准数据模型描述
Type	是	String	虚拟实体类型，包含传感器、执行器和设备
Using	否	String	引用的平台公有的标准数据模型
Public	是	Boolean	数据模型是否公开
DeviceID	是	String	虚拟设备标识

② 功能

功能可以抽象物理对象提供的动态数据，包括属性、操作和事件 3 种类型。与档案信息概念类似，功能也可以嵌套。

属性包含属性名称、数据类型、数据单位、物理对象的状态以及功能权限 5 部分。

对物理对象功能的描述不区分传感器和执行器。例如，LED 的功能可以描述为{"name":"LED","hasUnit":{"unit":"color"},"hasType": {"type":"String"}}。

操作是指设备能够被远程调用而去执行的动作或指令，通常需要花费一定的时间去执行，例如设备的重启、复位、修改密码等。操作包含输入参数和输出参数，输入参数是指物在执行某一动作时需要的指令信息，输出参数是指物在完成某一动作后需要反馈的状态信息。操作所包含的关键字描述如表 3-5 所示。

表 3-5　操作所包含的关键字描述

关键词	是否必须	描述
Description	否	向用户展示的操作描述信息
throws	否	标识操作可能会出现的错误
request params	否	输入参数
response type	否	输出参数

事件是指在特定情况下设备或实体主动上报的信息，这类信息无法通过属性查询得到，如某项任务完成的信息、设备发生的故障、告警时的温度等。事件需要以一种及时、可靠的方式通知物联网平台或应用。

（2）标识符命名规范

① 语言使用规范

一般使用 U.S.English 来拼写标识符。例如，使用 Color，而不是 Colour。尽可能使用在世界范围内被广泛认可的缩写，并且全部大写。例如，使用 HTML 或 ID，但不使用 temp 来表示 temperature。名字的长度：中文不超过 20 个字符，英文不超过 50 个字符。

② 功能命名规范

属性、操作和事件，以及对应参数的英文标识符需要使用"大驼峰命名法"且不带任何标点，必须以字母开头。若是同一个功能的多例化，如开关1、2、3，命名时可以在功能名称后加上下划线和编号，例如，开关1、2、3 可以命名为 Switch_1、Switch_2、Switch_3。属性的英文标识符要使用名词，或者断言。例如，Temperature（温度）、IsClosed（是否关闭的状态）。操作的英文标识符名称要以动词开头。例如，GetColor 或者 ToggleSwitch。事件的英文标识符需要描述代表的事件含义。例如，Error、Warning、Notification。参数的英文标识符需要有一个描述性的命名，以便理解参数的具体含义。

（3）虚拟设备标准数据模型生成

虚拟设备标准数据模型分为 3 个仓库，分别为私有、公共和推荐。私有仓库为平台用户私有，各用户独立；公共仓库为平台所有用户共享，各用户均可查看、引用或参与公共模型的建设；推荐仓库为虚拟设备类型在平台上的标准推荐数据模型，推荐用户使用，用户也可以选择自行开发。

物联网虚拟设备标准数据模型的开源协同流程如图 3-19 所示。开源协同机制的用户角色可分为模型拥有者、模型贡献者和模型审核人员。各角色分工如下。

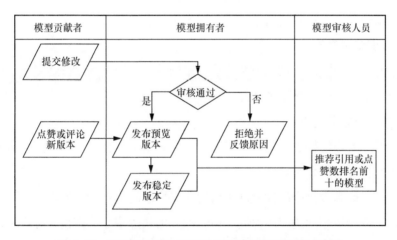

图 3-19　物联网虚拟设备标准数据模型的开源协同流程

模型拥有者公开自己的私有数据模型到公共数据模型仓库。

模型贡献者通过点赞的方式表达对模型的认可，通过评论的方式参与模型的建设，提出自己的建议；平台通过点赞数表示模型的受欢迎程度。模型贡献者可以提交修改到公共数据模型，并由模型拥有者进行审核；也可以克隆公共数据模型到私有仓库，并在其基础上进行修改，成为模型的拥有者。

模型审核人员每周将推荐引用或点赞数排名前十的模型修改为平台推荐模型，作为某类设备在平台上的标准数据模型。

3.3 异构协议解析技术与方法

3.3.1 异构协议解析概述

（1）大规模异构物联网的问题与需求

大规模异构物联网呈现以下几个特点。

① 设备地理分布广

物联网设备工作在物联网平台的感知层，是物联网平台的重要服务对象，在地理位置上具有分布不集中的特点。

② 场景大规模化

物联网技术在各行各业的应用越来越广泛，同时应用对物联网感知的全面性要求也越来越高，使物联网场景呈现大规模化特点。

③ 数据多源异构

数据源的通信技术和数据封装协议的多样性，使物联网设备适用于各种感知环境，同时采集的数据呈现多样性。

④ 高质量服务需求

物联网平台需要提供高质量的服务，以满足基于平台开发的应用服务所需提供的智能性、实时性和可靠性。

传统以云计算为核心的物联网平台解决了物联网垂直行业的数据互联互通问题，实现了各行业之间的应用协同。但云计算模式的中心化结构，导致平台在大规模异构物联网场景下存在诸多问题，如系统边缘侧网络时延高、智能化服务提供计算资源开销大、数据存取网络带宽利用率低等。传统中心化物联网平台的可扩展性与伸缩性差，难以为海量异构节点的动态性接入服务提供保障，不能满足边缘侧物联网应用服务需求，这些问题成为传统物联网平台在大规模异构场景下应用的瓶颈[18]。

针对大规模异构物联网场景特点，需研究满足该场景下服务提供的物联网边云协同体系结构，并对平台资源进行管理控制，实现各边缘云和云计算中心的相互协同，保障平台高质量服务提供。

（2）异构协议的定义和特点

异构协议指在计算机网络中存在多种不同的通信协议，这些协议在格式、语法和语义等方面具有差异。异构协议在现实世界中广泛存在，如 HTTP、TCP/IP、MQTT、Modbus 等。这些协议广泛应用于各种领域，包括互联网、物联网和工业控制系统等。

① 异构协议存在格式差异

不同协议具有不同的数据格式和消息结构，如包头、包体、字段和标记等。这些格式差异使协议之间的通信数据无法直接兼容。

② 异构协议存在语法差异

不同协议的语法规则和语义解释可能不同，导致数据的解析和理解方式存在差异。这使在解析和处理异构协议数据时需要考虑语法规则的差异性。

③ 异构协议存在语义差异

不同协议即便有同样的格式和语法，数据内容和含义也可能不同。例如，同样的数据字段在不同协议中可能代表不同的信息或行为，这增加了解析和理解的复杂性。

由于异构协议之间的差异，直接在网络中传输和处理异构协议数据存在兼容性挑战，因此需要特殊的技术和方法来解析、转换和处理这些异构协议数据。解决异构协议的解析和处理问题对实现跨协议的互操作性、数据交换和系统集成具有重要意义。因此，异构协议解析技术的发展和应用对促进信息通信技术的发展和推动各个领域的创新具有重要作用。

（3）异构协议解析的目标和需求

异构协议解析的目标是解析和理解不同通信协议之间的数据内容和语义，以实现数据的提取、转换和应用。目标具体如下。

一是从异构协议的通信数据中提取有用的信息和数据，包括字段、标记、状态等。通过解析数据，可以获取关键信息用于后续的处理和分析。

二是将异构协议的数据转换为统一的格式或语义表示，以实现不同协议之间的互操作性和数据交换。这样可以实现跨协议的数据集成和系统集成。

三是理解异构协议数据的语义和含义，包括数据字段的解释、行为的理解和上下文的推断。这有助于更深入地理解和利用协议数据。

异构协议解析的需求主要源于以下方面。

一是跨协议通信。在现实世界中，不同的设备和系统可能使用不同的通信协议进行数据交换。为了实现设备之间的互操作性，需要解析和处理这些异构协议的数据。

二是数据集成和分析。异构协议的解析可以将来自不同协议的数据整合到统一的数据平台或系统中，以便进行综合分析、挖掘和应用。这有助于获取更全面和准确的信息。

三是应用开发和集成。在各个领域，如物联网、工业控制系统和网络安全等，需要将不同协议的数据应用到具体的应用场景中。异构协议解析提供了数据处理和解析的基础，以支持应用的开发和集成。

综上所述，异构协议解析的目标是解析和理解不同协议之间的数据，以实现数据的提取、转换和应用。这也是为了满足跨协议通信、数据集成和分析、应用开发和集成等方面的需求。

3.3.2　传统解析方法

传统解析方法是指在异构协议解析领域中使用的传统技术和方法，通常包括手动解析方法和基于规则的解析方法。尽管这些方法在某些情况下存在一定的局限性，但它们仍然具有一定的应用价值。

手动解析方法是一种常见的传统解析方法。它涉及对协议规范和格式的深入了解，然后通过编写自定义的解析代码来解析数据。手动解析方法的优点是可以根据具体需求进行灵活的解析和处理，适用于特定协议和场景。然而，手动解析方法需要对协议有深入的了解，工作烦琐且容易出错。当面对大量复杂的协议或频繁变化的协议时，手动解析方法的效率和可行性都受到限制。

基于规则的解析方法是另一种常见的传统解析方法。它基于事先定义的规则和模式来解析和处理数据。这些规则和模式描述了协议的语法和语义规则，以及字段和标记的解释和使用方式。基于规则的解析方法可以通过匹配和解释规则来提取数据并执行相应的操作。这种方法的优势在于可以通过规则定义协议的结构和特征，并且在数据解析过程中提供一定的控制和灵活性。然而，基于规则的解析方法需要事先了解协议的细节，并且对于协议格式频繁变化或新协议的解析，需要不断更新和维护规则，增加了工作量和复杂性。

传统解析方法仍然具有一定的应用场景和优势。例如，对于稳定且规范化的协议，如 HTTP 和 TCP/IP，传统解析方法可以提供高效和准确的解析结果。在某些情况下，传统解析方法也可以与其他技术和方法相结合，例如与机器学习和深度学习相结合，以提高解析的准确性和效率。

然而，传统解析方法的局限性在于其对协议的依赖性和固定性。这些方法通常需要对协议的细节和规范有深入的了解，并且对于复杂和变化的协议存在挑战。此外，这些方法通常需要手动编写解析代码或规则，工作量大且容易出错。

总体而言，传统解析方法是异构协议解析领域中常用的技术和方法。随着技术的不断发展，传统解析方法可能逐渐演变为更智能和自动化的解析方法，以满足异构协议解析的不断发展和需求。

3.3.3　异构协议解析中的机器学习

机器学习在异构协议解析中具有广泛的应用，可以提供自动化、智能化和高效的解析方法。常用的机器学习在异构协议解析中的应用有 5 种。

（1）协议识别和分类

机器学习可以对不同的协议类型进行识别和分类。通过对大量的协议数据进行训练，构建模型来自动识别和分类来自不同协议的数据流。这有助于实现协议的自动识别和切换，提高系统的适应性和灵活性。

（2）数据解析和提取

机器学习可以应用于异构协议数据的解析和提取。通过训练模型，可以学习协议中数据字段的位置、语义和结构规律，从而自动解析和提取数据。这样可以大大减少手动编写解析代码或规则的工作量，提高解析的准确性和效率。

（3）异常检测和安全分析

机器学习可以用于异构协议数据的异常检测和安全分析。通过训练模型，可以学习正常的协议行为模式，并检测出不符合模式的异常行为。这有助于发现潜在的网络攻击、数据泄露和异常情况，提高网络安全性和数据保护能力。

（4）数据转换和集成

机器学习可以用于异构协议数据的转换和集成。通过学习不同协议之间的映射关系，可以实现数据的自动转换和映射，将来自不同协议的数据整合到统一的格式或语义表示中。这有助于实现跨协议的数据集成和系统集成，提高数据的可用性和应用的便利性。

（5）协议优化和性能提升

机器学习可以应用于异构协议的优化和性能提升。通过分析和学习协议数据的特征和性能指标，可以构建模型来预测和优化协议的性能。这有助于改进协议的传输效率、时延和带宽利用率，提升系统的整体性能和用户体验。

在异构协议解析中，机器学习可以提供更智能、自动化和高效的解析方法。然而，机器学习方法的应用也面临一些挑战，如数据量不足、标注困难、模型泛化能力差等。因此，需要对协议数据进行充分的收集和标注，并设计合适的特征表示和模型结构来应对这些挑战。

随着深度学习和增强学习等技术的不断发展，机器学习在异构协议解析中的应用还有很大的潜力和发展空间。

3.3.4　异构协议解析中的深度学习

深度学习通过构建深层神经网络模型，可以从大量的协议数据中学习表示和特征，并实现高效、准确地解析，在异构协议解析中具有广泛的应用。使用循环神经网络（RNN）或者长短期记忆（LSTM）网络等模型，可以对协议数据序列进行建模，捕捉序列中的关系和依赖，帮助理解协议数据的语义和含义，从而实现更准确地解析和提取；构建端到端的神经网络模型，可以直接从原始数据中学习解析和转换的过程，不需要手动编写解析代码或规则，可以大幅简化解析过程，提高解析的准确性和效率。

构建深度神经网络，学习协议数据中的有用特征和表示，捕捉数据的高层抽象特征，可适应不同协议和数据的变化，提高解析的鲁棒性和泛化能力；训练深度神经网络模型，可以学习正常的协议行为模式，并检测出不符合模式的异常行为，实现异常检测和安全分析，有助于发现潜在的网络攻击、数据泄露和异常行为，提高网络安全性和数据保护能力。

深度学习在异构协议解析中的应用具有许多优势，如自动化、灵活性和高性能。然而，深度学习方法的应用也面临一些挑战，如数据量和标注的需求、模型的复杂性和计算资源的要求等。因此，需要充分的数据集和标注来训练深度学习模型，并设计适合具体问题的网络结构和训练策略。随着深度学习技术的不断发展和优化，深度学习在异构协议解析中的应用将会进一步扩展，并为解析效果和性能带来更大的提升。

异构协议解析是通过解析和分析不同协议的数据，实现数据集成、网络安全和系统优化等应用的技术。它面临协议复杂性、数据量和速度、适应性与通用性、安全与隐私等挑战。克服这些挑战需要综合运用机器学习、深度学习和网络安全等技术，并结合领域专家的知识和经验。随着技术的发展，异构协议解析在各个领域的应用前景将十分广阔。

3.4　基于本体的物联网数据接入方法

物联网设备的海量化、通信技术和应用协议的多样化、数据格式的私有化给物联网数据的接入带来了很大的困难。实现物联网设备的快速接入、降低开发阶段的工作量是物联网数据接入面临的主要问题。基于 GraphQL[19]设计基于设备模型的服务调用接口，服务端只需要提供一个接口，客户端通过这个接口就可以取任意格式的数据，实现物联网数据资源的服务化，但业务重构成 GraphQL 模式比较困难，同时全部通过 GraphQL Server 请求，也容易存在性能瓶颈。因此需要详细分析物联网数据接入面临的问题，并研究物联网异构设备的特点，设计从属性、状态、功能、接口、安全 5 个方面表征物联网数据的资源模型。

3.4.1　物联网数据接入问题

（1）物联网数据接入存在的问题

① 数据私有化问题。物联网设备生产厂商生产的设备具有不同的通信协议、通信流程和交互方式，因此存在着大量的异构私有数据格式。在对设备接入适配

的过程中，使用人员必须阅读设备规格说明书，并使用程序逐一实现多种数据格式，加大了软件开发的工作量。

② 产品迭代快速化问题。物联网应用开发过程中时常经历需求变更，伴随着设备固件升级维护、功能增多，重新适配设备会带来设备接入复杂度高、程序维护困难等问题。

③ 标准多样化问题。应用开发者需按照物联网平台提供的 SDK 和 API 进行设备集成和资源调用，但平台存在着大量的标准，无法实现平台间的数据共享，这大幅增加了应用开发者的学习成本和资源使用成本。

基于以上问题分析，物联网数据接入应具备以下功能。

① 统一的设备标识体系。设备标识是物联网平台能够识别设备的最有效、最快捷的方式，标准的设备标识体系有利于实现设备的统一管理。

② 统一的资源描述模型。将设备从属性、功能、结构、操作等方面抽象为资源，屏蔽设备的异构性，为应用提供统一的服务接口。

③ 统一的交互方式。物联网设备连接网络的方式不统一，通过接入适配中间件将设备与物联网平台的交互方式统一起来，可以加强设备与平台在通信过程中的数据安全，保证设备入网的合法性。

④ 资源的快速共享。物联网数据资源不能被充分使用的主要原因在于设备往往被平台、应用场景所限制，导致数据资源不能被共享，这要求平台能够打破这些局限，使用一种高效、快捷、简单的方式实现服务的快速发布。

（2）物联网数据资源的服务化问题

物联网设备的资源发布主要有两种方式：基于平台侧的资源发布和基于设备侧的资源发布。

基于平台侧的资源发布如图 3-20 所示。设备不具备更高级的通信能力，无法提供服务。通过适配中间件，设备可以主动连接到服务器。适配中间件能够对设备的数据进行编解码，同时通过物联网平台提供的 SDK，实现中间件到物联网平台的连接。此时，物联网平台具备了将设备资源进行服务化提供的能力，最后客户端或者应用通过平台提供的 API 使用资源。这种将服务集成在物联网平台的方式虽然在适配的阶段存在一定的工作量，但物联网平台具有接入海量设备的能力，这种方式是目前主要采用的资源发布方式。

图 3-20　基于平台侧的资源发布

基于设备侧的资源发布如图 3-21 所示。设备本身具有资源发布能力，如某品牌的监控摄像机，其本身实现了一个服务系统，类似于将适配中间件的功能集成在设备内侧并与设备一起充当服务端的角色，此时用户、应用、客户端等其他模块充当客户端的角色。设备通过将数据进行解析处理、标准化处理等一系列的步骤，使客户端通过 API 或者 SDK 的方式进行资源调用。这种方式的服务非常简单，但存在以下两点缺陷。

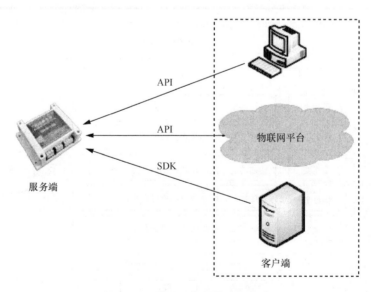

图 3-21　基于设备侧的资源发布

① 客户端需要适配甚至是更改其内部的组件才能真正地使用资源，对于物联网平台来说这种方式不可取。

② 这种模式下的服务调用只能发生在局域网内部, 要实现互联网下的服务调用, 必须将设备的服务映射到互联网下, 但当前 IP 地址资源不足且资费昂贵, 造成了资源的浪费。

因此, 要深入研究物联网资源描述和数据接入方法, 就要从属性、状态、功能、接口、安全 5 个方面对设备进行资源抽象, 从而屏蔽不同设备之间的差异, 实现对不同物联网设备数据资源的重用, 基于平台侧的服务提供方法开发基于 GraphQL 的物联网设备资源的服务, 实现对物联网数据资源的共享。

3.4.2 数据接入结构设计

传统的物联网平台已不能满足海量设备接入、快速解析数据的要求, 因此需要设计新的适用于海量设备的物联网数据接入模块, 用于替换或者增强当前物联网平台的数据接入模块。物联网平台数据接入模块总体结构如图 3-22 所示, 可分为协议适配、设备模型适配和数据服务化 3 层。

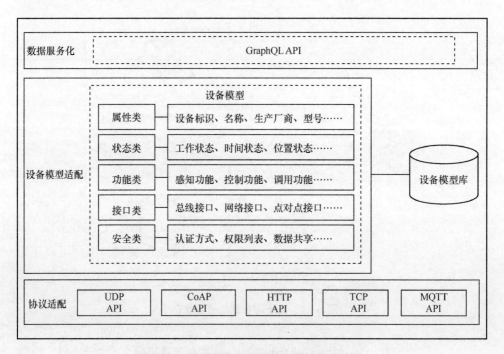

图 3-22 物联网平台数据接入模块总体结构

图 3-22 中,物联网平台数据接入模块主要实现物联网设备的接入以及设备数据的解析。物联网设备分为直连设备和非直连设备。直连设备本身具有网络的通信能力,在厂商生产成型后,经过配置就能够与服务器进行数据传输,如采用 NB-IoT 进行通信的智能门锁设备,采用以太网进行通信的毫米波雷达设备等。非直连设备必须与数据传输单元 (Data Transfer Unit,DTU)、串口服务器、网关等进行连接,使设备具备一定的通信能力后才能进行正常的数据收发。不管是哪一类设备,物联网数据接入模块必须能够适配目前市面上主流的通信方式。

协议适配主要是支持多种通信协议的网络连接,主要提供对 TCP、UDP、CoAP、MQTT、HTTP 的适配。通过建立相应的服务器,协议适配提供相应的 IP 地址、端口、消息主题等信息,使设备能够连接网络服务器,保证设备与服务器之间形成双向的通路。

设备模型适配主要对协议适配后的数据进行模型适配,从模型库中匹配出符合设备特征的模型进行数据解析,通过数据解析获取该设备具体功能的数据,如感知数据、响应数据、状态数据等信息。

数据服务化的主要任务是对经过模型匹配、数据解析、标准化后的数据通过 GraphQL API 的形式对物联网平台提供服务。用户根据创建的应用场景,从物联网平台的服务库中获取相关的服务,从而最大限度地发挥服务的价值,实现数据的共享和重用。

3.4.3　基于本体的资源描述模型

本节提出一种基于本体的资源描述模型,实现对物联网设备的抽象,为数据服务化提供支撑,详细内容介绍如下。

实现设备资源的服务化首先需要将物联网设备抽象为统一的数据资源。设备资源主要指物联网设备的属性、感知物理世界所获取的数据、控制设备发生的状态改变及设备具有的功能。资源服务化主要指将设备的资源以服务的形式对外提供,在物联网领域中的服务一般指数据接口、应用服务等。物联网设备资源抽象化描述过程如图 3-23 所示。

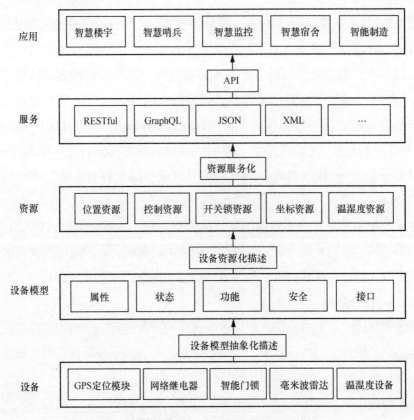

图 3-23 物联网设备资源抽象化描述过程

设备抽象化描述过程从设备、资源、服务 3 个层次上进行描述。设备层主要应对差异化的异构设备。资源层是设备进行抽象化后具有的资源类型,例如,GPS 定位模块具有位置资源、网络继电器具有控制资源、智能门锁具有开关锁资源、毫米波雷达具有坐标资源、温湿度设备具有感知环境中温度和湿度的资源等。服务层主要对描述后的资源进行服务化,调用 RESTful 或 GraphQL,使用 JSON、XML 等数据格式,获取指定的数据资源,屏蔽底层设备的异构性。

本体是对特定领域中某套概念及其相互之间关系的形式化表达,是对所有对象存在的一种系统解释。一个本体与一组类的单个实例就可构成一个知识库,基于本体思想,通过对一定领域的知识表示和组织,可解决知识的共享和重用问题[19]。本节提出一种基于本体的资源描述方法,使用 OWL 实现对异构设备的

统一描述，对设备进行抽象。使用属性类、状态类、功能类、接口类、安全类 5
个方面来描述设备资源模型，如图 3-24 所示。

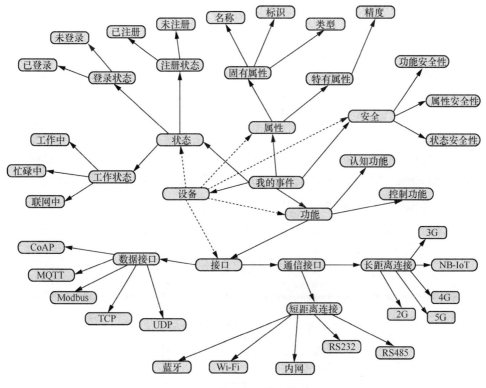

图 3-24 物联网资源描述模型组成

① 属性类。描述设备出厂时携带的固有属性和特有属性。一般的固有属性包
括设备标识、设备名称、设备类型、厂商信息、出厂日期、设备波特率、环境参数、
供电参数、产品尺寸、产品材质等信息。特有属性描述的是该设备区别于其他设备
而拥有的属性，如定位模块的定位精度、图像识别模块的识别精度等。

② 状态类。描述设备在运行期间某一时刻的具体状态，一般表现为设备未注
册、未登录、已登录、工作中等特征，通过对设备状态的描述，可以在设备运行期
间实现对设备的不同操作，如当设备处在命令下发期间时，其他对设备进行指令下
发的操作必须等待，从而保证设备指令的有序性。

③ 功能类。描述设备具有的功能，不同设备的功能不同。例如，定位模块有

GPS 和北斗双模定位，串口服务器实现的是串口与网络的互相转化，报警器有声音报警和闪光报警，温湿度传感器具有感知当前环境中的温度和湿度的功能，智能门锁有浸水检测、防撬检测、远程开锁、蓝牙开锁、刷卡开锁、钥匙开锁、设置或撤销白名单等功能。

④ 安全类。描述不同用户访问设备资源具有的权限，主要表现为对属性资源、状态资源和功能资源的权限，实现对资源的细粒度访问控制，保证资源不被非法窃取。

⑤ 接口类。描述设备具有的通信接口和数据接口。通信接口一般有 RS232/RS485、蓝牙、2G/3G/4G/5G、NB-IoT、Wi-Fi 等，数据接口一般指数据协议，有 Modbus、MQTT、CoAP、TCP、UDP 等。通信接口和数据接口组合，可以实现设备联网和收发数据的能力。

以 GPS/北斗定位模块为例，本节给出本体资源描述模型，如图 3-25 所示。

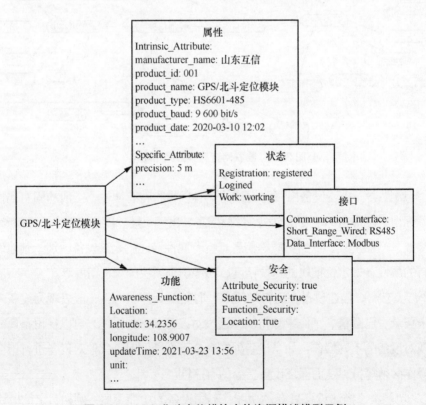

图 3-25　GPS/北斗定位模块本体资源描述模型示例

图 3-25 分别从属性、状态、接口、功能、安全 5 个方面来描述 GPS/北斗定位模块。其中，属性指出了该设备包含的属性资源，包括具体型号、厂商、出厂日期等；状态指出了设备当前的状态，如已注册、已登录、工作中；接口指出了设备的通信方式和通信协议；功能指出了设备具有的功能，位置为设备具有感知定位功能；安全反映用户对其操作的权限。

3.4.4　基于本体的数据接入流程设计

区别于其他的物联网平台先创建应用场景再描述接入设备，为了实现数据资源的共享和重用，发挥数据的最大价值，本节设计的物联网数据接入方法先接入设备，然后根据用户的需要选择符合需求的数据资源进行资源访问。

基于上述思想设计物联网资源描述模型，实现异构设备的接入能力描述，使用户在物联网平台进行可视化操作。该过程主要分为两步，首先用户在物联网平台上创建设备资源模型，然后将系统审核过的资源模型与配置后的设备实现绑定，如图 3-26 所示。

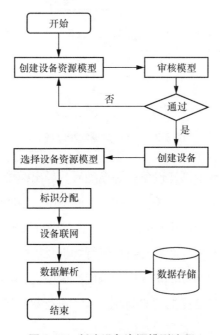

图 3-26　创建设备资源模型流程

上行数据解析流程如图 3-27 所示，具体步骤如下。

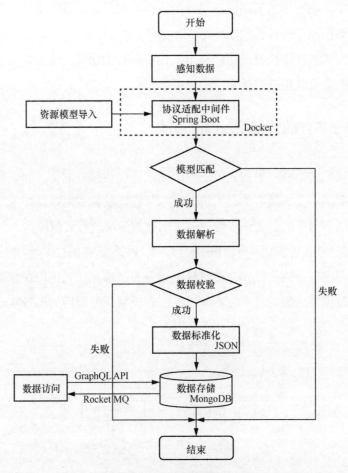

图 3-27　上行数据解析流程

步骤 1：用户在平台上创建设备资源模型后，导出模型文件。

步骤 2：将资源模型导入相关协议适配中间件中，中间件采用 Spring Boot 框架部署在 Docker 容器中，使用 Kubernetes 对容器进行维护。

步骤 3：进行模型匹配，然后对数据进行解析及校验，使用 JSON 对其进行标准化，感知数据存储在 MongoDB 中，响应数据使用 Rocket MQ 进行转发。

步骤 4：用户通过平台提供的 GraphQL API 进行数据访问。

下行控制指令处理流程如图 3-28 所示，具体步骤如下。

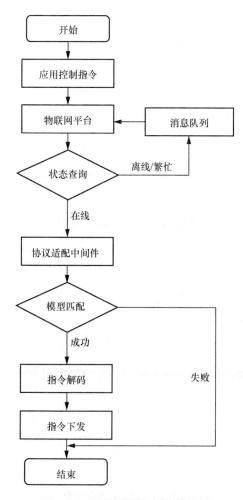

图 3-28 下行控制指令处理流程

步骤 1：物联网平台接收应用发送过来的控制指令。

步骤 2：物联网平台查询设备的状态，如果设备在线，则通过协议适配中间件将指令进行下发；如果设备离线或者繁忙，则将指令暂存至消息队列，物联网平台会周期性地监测设备状态。

步骤 3：协议适配中间件接收物联网平台发送过来的指令，从而匹配出设备的模型。

步骤 4：根据模型定义和指令的类型，解码出具体的控制指令，使用中间件与设备连接的通道进行指令下发。

3.4.5 基于本体的物联网资源服务化

传统的基于 API 的查询和调用服务在物联网时代面临巨大挑战：移动端用户的爆发式增长需要更高效的数据加载；各种不同的前端框架和平台；在不同前端框架、不同平台下想要加快产品快速开发变得越来越难。Facebook 为应对物联网数据的爆发，开发了一种新的 API 标准 GraphQL。它提供了一种更高效、更强大和更灵活的数据提供方式，可对应用 API 中的数据提供一套易于理解的完整描述，使客户端能够准确地获得所需要的数据。GraphQL 具有简单、灵活、高效的特性，具体表现在以下几点。

（1）数据冗余少

根据用户需求，需要多少数据，取出多少数据，不存在数据的冗余。相较于 RESTful 可以大大减少数据的冗余度。

（2）获取资源高效

在一次的查询中实现多个资源的获取，而 RESTful 对每一个资源的获取都需要一个查询请求。

（3）兼容性好

通过将资源描述为类型，根据使用需求只取需要的字段，具有很好的兼容性，有利于系统的平滑演进。

GraphQL 使用一个 URL 就可以获取所有资源，通过 HTTP 的 POST 动词和 GraphQL 定义的查询（query）和修改（mutation）操作实现对资源的获取和修改，通过 WebSocket 和 GraphQL 定义的订阅（subscription）操作实现对资源的监测，如果资源有变动，则可以推送变动消息给用户。本文提出了基于本体的资源描述模型，从属性、状态、功能、接口、安全 5 个方面来描述设备的资源，基于 GraphQL 实现调用物联网资源如图 3-29 所示，相关概念描述如下。

① query。访问特定资源，可以访问设备模型中的一个或者多个资源，如获取设备属性和状态、获取设备最新采集的数据、获取对资源的操作权限等；还可以将多个设备的资源组合起来查询，通过一次查询获得多个传感器资源，以满足用户对场景的需要。

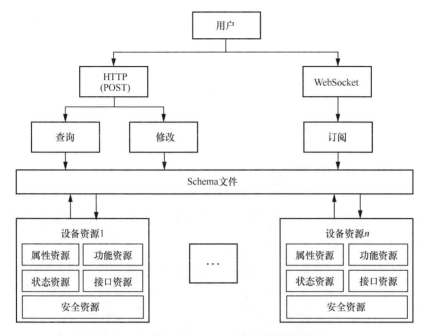

图 3-29　基于 GraphQL 实现调用物联网资源

② mutation。修改资源，通过 mutation 操作更改资源的状态、下发控制指令，同时还可以在 mutation 操作中对修改后的资源进行 query 操作，减少冗余的数据在网络中的传输。

③ subscription。订阅资源，通过 subscription 操作监测数据变动，使用 WebSocket 协议推送变动的消息给用户。可在物联网场景数据时常变化的情况下使用，如温湿度设备、环境监测设备需要实时推送数据的情况。

④ Schema 文件。在设备资源上层通过 GraphQL 将需要的数据类型定义在 Schema 文件中，用户根据其需求获取相应的数据，实现用户需求与资源之间的解耦。通过这种方式，用户在资源获取过程中更加灵活、高效。

3.5　未知通信协议和干扰信号检测

物联网通信协议有很多种，其中包括已成为标准的工业协议，它们具有不同的性能、通信速率、覆盖范围和功率。常用的应用层协议有 MQTT、CoAP、DDS、

XMPP、REST/HTTP、FTP 等，常用的感知层协议有 RFID、Bluetooth、IrDA、NFC 等，常用的网络层协议有 2G/3G/4G/5G、NB-IoT、Wi-Fi、LoRa 等，此外，还有各种新的未知通信协议会陆续出现，这些异构协议最终都会接入平台，需要在接入时对其进行检测与适配。本节将针对通信协议中的工业协议检测进行详细介绍。

3.5.1　未知工业协议检测

面对未知工业协议，平台首先要处理的工作就是鉴别。未知工业协议检测方法流程如图 3-30 所示[20]。

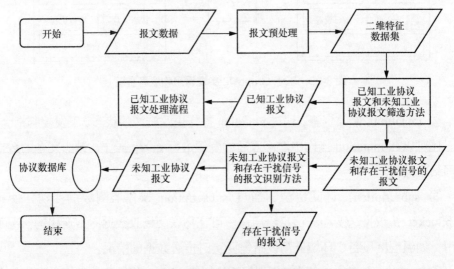

图 3-30　未知工业协议检测方法流程

图 3-30 中，报文数据从工业 PLC 设备和 DCS 中采集，报文预处理阶段采用主成分分析（Principal Component Analysis，PCA）法提取特征并将其降维为二维特征数据集，输入已知工业协议报文和未知工业协议报文筛选方法，利用基于 DBSCAN（Density-Based Spatial Clustering of Applications with Noise）算法原理的 Eps 邻域命中算法进行筛选[21]。筛选出已知工业协议报文递交给对应的已知工业协议报文处理流程；筛选出未知工业协议报文和存在干扰信号的报文递交给未知工业协议报文和存在干扰信号的报文识别方法，通过 DBSCAN 算法

进行进一步区分。

DBSCAN 是基于密度的聚类算法，它将簇定义为密度相连的点的最大集合，能够把具有足够高密度的区域划分为簇，并可在噪声的空间数据库中发现任意形状的聚类。应用 DBSCAN 算法聚类后区分存在干扰信号的报文和未知工业协议报文，丢弃存在干扰信号的报文，当聚类识别出的未知工业协议报文数量达到阈值时，将其作为单个协议的训练数据集加入协议数据库，以便对该未知工业协议进行人工标识。通过此训练数据集对协议识别算法进行训练，可以实现从未知工业协议到已知工业协议的转换和识别，增加已知工业协议识别方法的扩展性。

Modbus、Profibus、DF-1 等大部分数据链路层协议使用信息组校验符（Block Check Character，BCC）校验、循环冗余校验（Cyclic Redundancy Check，CRC）等方式检测报文的数据完整性和可靠性，但由于工业领域已知/未知协议种类繁多、协议栈深度不同，BCC 校验、CRC 校验的报文位、校验方式各不相同，因此无法在统一大规模接入时对报文进行校验，如果将报文完全交由上层应用进行协议分拣和校验，则会导致上层应用和服务器性能消耗严重，开发周期变长。在 DBSCAN 算法的基础上结合主成分分析法，可在数据链路层筛选出这些随机数值的干扰信号并加以剔除，在协议分拣完成后交由上层应用调用对应协议的校验方法对报文进行二次校验，保证报文的准确性、简化上层应用的代码流程。

3.5.2 干扰信号检测

在 RS232[22]、RS422、RS485[23]等物理层接口标准中，规定在信号线和地线间通过差值电平表示信号，这些接口中的干扰主要表现为差模干扰。但如果地线和信号线相隔过远，两线材质不完全相同，共模干扰在两线间将产生干扰电压，表现为两线的电压差值，若这个值在标准电平有效范围内，则在物理层表现为随机的逻辑 0 或者 1，干扰正常的信号读取。

如图 3-31 和图 3-32 所示，在 RS232 标准中，以-5V 至-15V 表示逻辑 1 电平、+5V 至+15V 表示逻辑 0 电平。当模拟信号的电压值在-5V 至-15V 时，对

应的数字信号表示为二进制 1；当模拟信号的电压值在+5V 至+15V 时，对应的
数字信号表示为二进制 0。图 3-31 中模拟信号对应的数字信号如图 3-32 所示，
对应二进制为 1010110110。

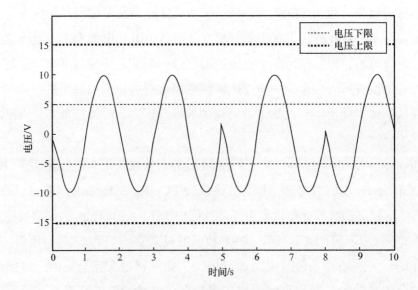

图 3-31　RS232 标准模拟信号示意

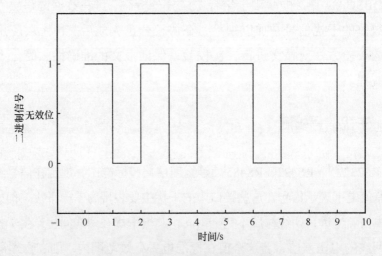

图 3-32　RS232 标准数字信号示意

图 3-33 表示受到随机干扰电压影响的线路中的模拟信号示意。原有模拟信
号曲线受到影响，出现电压超出 RS232 标准有效范围、电压小于有效范围、电

压正负改变的情况，接收端将无法识别或错误识别线路中的模拟信号。图3-33中，模拟信号对应的数字信号为1000001，对照发送端的1010110110，识别错误4位，丢失3位，对数据的传输准确性造成影响。对于物理层基于RS232、RS422和RS485标准的工业协议,这些干扰信号在数据链路层表现为随机位置、随机数值的十六进制报文位。

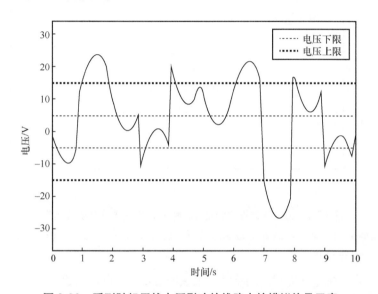

图3-33 受到随机干扰电压影响的线路中的模拟信号示意

3.5.3 未知工业协议特征分析和报文预处理方法

工业协议在数据链路层按编码格式可以分为二进制编码协议和ASCII编码协议两大类，报文格式和协议种类差别很大。对多种已知工业协议的报文和编码格式分析表明，工业协议普遍存在起始位、终止位、协议标志位、功能码、地址位、报文长度位等报文特征，每种协议在这些特征位的值的基础上按照协议规范对报文进行编码构成完整的协议报文，未知工业协议报文在这些特征位的值同样也遵循特定的协议规范。以功能码特征位为例，同一协议的不同功能报文在功能码特征位上一定是协议或者协议标准规范规定的某几个相近的值，在该特征维度上表现为这几个值的聚集分布，同一协议的多个特征值在各自维度上均满足这样的聚集分布，通过主成分分析法可提取出这些特征，转换坐标系并在主成分二维图上可显示为如图 3-34 所示的密度聚类，应用 DBSCAN 算法即对未知工业协议进行识别。

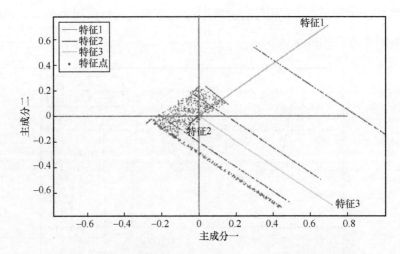

图 3-34 工业协议报文特征 1～特征 3 的主成分分析法示意

（1）主成分分析法

主成分分析法是一种常用的特征降维映射方法[24]，它将原始数据通过矩阵变换映射到目标维度的正交基上，使映射后各特征间的协方差等于 0 且特征方差尽可能大，从而在最小化信息损失的情况下用目标维度的特征值表示高维度数据。主成分分析法保留数据中对方差值影响最大的特征并将其变换至新的坐标系中，若目标维度是二维，主成分一即第一维的特征值是映射到对应正交基上方差最大的特征，主成分二即第二维的特征值是映射到对应正交基上方差第二大的特征，通过保留这些主成分，即可在有限的目标维度中最大限度地表示高维数据，从而在保证降维、低信息损失的前提下提取有效特征、去除噪声点、减少下一步算法处理的计算量。

对于 m 行数据矩阵中的两个字段 a 和 b，可以用协方差表示两个字段的相关性，使各字段减去字段均值得到新的矩阵，再计算协方差矩阵。当协方差为 0 时，两个字段无相关性，当原始特征字段映射到基上时需满足各字段间的协方差均为 0。同理，选择第二个、第三个基时必须满足基之间正交，这组基就是目标维度的正交基。图 3-35 为主成分分析法的基本步骤。

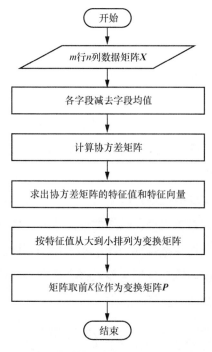

图 3-35　主成分分析法的基本步骤

（2）主成分分析维度选择

根据 DBSCAN 算法伪代码可知，DBSCAN 算法在确定核心点和聚类簇时需要遍历目标点并与点集中的其他点逐个进行欧氏距离计算，确定目标点邻域点集的时间复杂度为 $O(n^2)$，在大规模多维数据运算时，算法性能消耗非常大。为了减少 DBSCAN 算法的性能消耗，本节将主成分分析的目标维度选为二维，即通过主成分一和主成分二表示多维特征。

二进制编码协议原始维度选择：二进制编码协议以二进制数据流进行传输，所有二进制编码协议均以八位二进制位为一个数据链路层编码单位，并在转换后的十六进制数值上表现出较明显的协议特征。例如，Profibus 协议族中的各个协议均是以 0x68 作为协议报文第一位、以报文长度的十六进制码作为协议报文第二、三位；S7 协议族中各协议以 0x03、0x00、0x00 作为协议报文前三位，因此将这些带有协议特征的十六进制报文位作为主成分分析法降维的原始特征维度。

ASCII 编码协议原始维度选择如下。由于 ASCII 协议编码格式中通过单个字符 0～9、a～z、A～Z 编码为 ASCII 码的形式进行传输，对应 ASCII 编码 48～57、65～90、97～122，数据链路层转换为十六进制形式的 0x30～0x39、0x41～0x5A、0x61～0x7A，在协议各特征位上表现为遵循 ASCII 码范围的密度分布。ASCII 编码协议常采用 ASCII 码特殊字符（如 NUL、ETX、STX 等）作为协议的标志字符，在这些特征位上，不同协议的特殊字符表现出明显的离散分布，需使用主成分分析法对这些表示为标志字符的特征位进行降维以提取协议特征。

（3）报文预处理流程

使用主成分分析法实现报文预处理流程，如图 3-36 所示。首先根据报文数据位的十六进制数值范围判断输入报文数据的编码格式。然后选择对应的二进制编码或 ASCII 编码已知工业协议数据库，获取相应已知工业协议训练数据集。最后将获取到的已知工业协议训练数据集与输入报文数据一同提交至主成分分析，提取数据的协议特征并将特征维度降为二维。

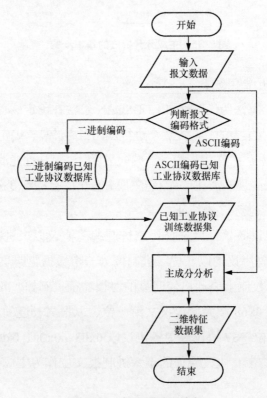

图 3-36　报文预处理流程

3.5.4　已知工业协议报文和未知工业协议报文筛选方法

（1）Eps 邻域命中判定算法

本节基于 DBSCAN 算法提出了一种针对已知工业协议二维特征数据集和输入报文二维特征数据集的 Eps 邻域命中判定算法，提升了报文筛选流程的性能和准确率。该算法简化了 DBSCAN 算法的运算流程，根据 DBSCAN 邻域和核心点的规则判断目标特征数据是否在已知工业协议数据集的聚类簇中，将分布在已知工业协议训练数据集聚类簇中特征点对应的协议报文识别为已知工业协议，分离未知工业协议报文和存在干扰信号的报文。算法步骤如下。

步骤 1：经主成分分析法降维得到已知工业协议二维特征数据集和输入报文二维特征数据集，按照给定的邻域距离和最小邻域点数，对输入报文二维特征数据集进行邻域命中判定。

步骤 2：若输入报文二维特征数据集中的点在当前邻域距离下表现为核心点，即判定该特征点在已知工业协议数据集聚类簇中，对应报文确定为已知工业协议报文；若输入报文二维特征数据集中的点在当前邻域距离下没有邻域点，则确定为未知工业协议报文或者存在干扰信号的报文。

步骤 3：若输入报文二维特征数据集中的点在当前邻域距离下表现为边界点，则遍历该点邻域中的其他特征点，若这些点中存在属于已知工业协议二维特征数据集的核心点，则表明输入报文在该核心点的聚类簇中，对应报文确定为已知工业协议报文；若这些点中存在一个输入报文二维特征数据集的核心点，且这个核心点属于已知工业协议二维特征数据集，对应报文也确定为已知工业协议报文。

（2）筛选方法

本节基于 Eps 邻域命中判定算法设计了已知工业协议报文和未知工业协议报文筛选方法，图 3-37 为已知工业协议报文和未知工业协议报文筛选方法流程。该筛选方法首先输入二维特征数据集，利用 Eps 邻域命中判定算法检测输入报文数据在二维特征距离上是否在已知工业协议数据集聚类簇中。若输入报文特征点在当前二维特征数据集中为核心点，则识别为已知工业协议报文；若输入报文特征点不是核心点，则判断该特征点的邻域是否存在核心点，若存在则识别为已知工业协议报文，不存在则识别为未知工业协议报文或者存在干扰信号的报文。

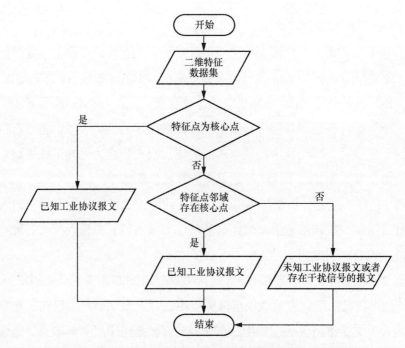

图 3-37 已知工业协议报文和未知工业协议报文筛选方法流程

3.5.5 未知工业协议报文和存在干扰信号的报文识别方法

（1）聚类算法选择

常用的无监督学习聚类算法有 DBSCAN 算法、K-means 算法、MeanShift 算法等，使用工业协议数据集对这 3 种算法进行测试，协议数据集包含 6 种协议族共 10 000 条样本数据，经主成分分析法降维后通过算法聚类得到测试结果。

DBSCAN 算法平均聚类拟合率为 84.07%，K-means 算法平均聚类拟合率为 71.77%，MeanShift 算法平均聚类拟合率为 71.39%，可以看到，DBSCAN 算法对已知工业协议拟合效果较其他两种算法好。

（2）识别方法流程

根据上述未知工业协议报文和干扰信号的特征，本节结合主成分分析法和

DBSCAN 算法提出了未知工业协议报文和存在干扰信号的报文识别方法，流程如图 3-38 所示。首先将筛选得到的未知工业协议报文和存在干扰信号的报文的二维特征数据集传入 DBSCAN 算法。然后对该二维特征数据集进行 DBSCAN 聚类，根据未知工业协议在特定维度上聚集分布的特征和 DBSCAN 聚类原理，聚类得到的特征簇对应按这些特征分布的协议报文簇，因此表现为核心点和边界点的特征点就是未知工业协议报文特征点，噪声点则可以视为存在干扰信号的报文特征点。

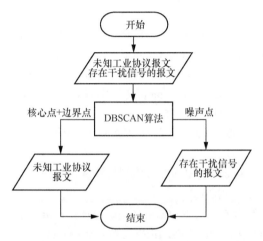

图 3-38　未知工业协议报文和存在干扰信号的报文识别方法流程

参考文献

[1] GUTH J, BREITENBÜCHER U, FALKENTHAL M, et al. A detailed analysis of IoT platform architectures: concepts, similarities, and differences[M]//DI MARTINO B, LI KC, YANG L, et al. Internet of everything. Singapore: Springer, 2018: 81-101.

[2] 刘学林, 艾中良, 李晓辉. 智能物联技术[M]. 北京: 电子工业出版社, 2021.

[3] 微软科技. 制造更好未来: 微软智慧工业创新解决方案[J]. 智能制造, 2020(Z1): 55-58.

[4] ARIF T M. Introduction to deep learning for engineers: using python and google cloud platform[M]. Cham: Springer, 2020.

[5] AHMED M I, KANNAN G. Secure end to end communications and data analytics in IoT integrated application using IBM Watson IoT platform[J]. Wireless Personal Communications, 2021, 120(1): 153-168.

[6] Ofweek 物联网. 中国五大物联网平台优势分析[J]. 物联网技术, 2018, 8(4): 3-4.

[7] 李荣, 杨德徽, 黎晓冰, 等. 基于阿里云物联网平台的智能家居系统设计[J]. 中国仪器仪表, 2023(12): 34-37, 41.

[8] 腾讯公司. QQ 物联全解析[J]. 物联网技术, 2015, 5(5): 5-7.

[9] 王峰. 中国移动物联网平台的探索与未来[J]. 通信世界, 2018(10): 26-27.

[10] 黄海峰. 解读华为 IoT 平台 以开放构建生态 使能行业革新[J]. 通信世界, 2017(21): 39.

[11] 佚名. GE Predix 牵手微软 Azure 加速工业数字化进程[J]. 智能制造, 2016(7): 11.

[12] 西门子(中国)有限公司. MindSphere: 基于云的开放式 IoT 操作系统[J]. 智能制造, 2019(7): 24-27.

[13] DESBIENS F. Building enterprise IoT solutions with eclipse IoT technologies: an open source approach to edge computing[M]. New York: Apress, 2023.

[14] JANG S I, KIM J Y, ISKAKOV A, et al. Blockchain based authentication method for ThingsBoard[C]//Advances in Computer Science and Ubiquitous Computing. Singapore: Springer, 2021: 471-479.

[15] 张江南, 王海, 赵树林. Kaa 技术在农业物联网中应用的研究[J]. 计算机技术与发展, 2019, 29(10): 111-114.

[16] 苏旺. 基于 Home Assistant 室内空气监测与摔倒识别的智能家居系统设计[D]. 杭州: 杭州电子科技大学, 2023.

[17] CESTARI R H, DUCOS S, EXPOSITO E. iPaaS in agriculture 4.0: an industrial case[C]//Proceedings of the 2020 IEEE 29th International Conference on Enabling Technologies: Infrastructure for Collaborative Enterprises (WETICE). Piscataway: IEEE Press, 2020: 48-53.

[18] LAN L N, SHI R S, WANG B, et al. An IoT unified access platform for heterogeneity sensing devices based on edge computing[J]. IEEE Access, 2019(7): 44199-44211.

[19] BENJAMINS V R, FENSEL D, DECKER S, et al. (KA)$_2$: building ontologies for the Internet: a mid-term report[J]. International Journal of Human-Computer Studies, 1999, 51(3): 687-712.

[20] 蒋梓恒. 支持未知协议检测的工业互联网协议识别方法[D]. 西安: 西安电子科技大学, 2022.

[21] HAHSLER M, PIEKENBROCK M, DORAN D. DBSCAN: fast density-based clustering with R[J]. Journal of Statistical Software, 2019, 91(1): 1-30.

[22] 阳宪惠. 工业数据通信与控制网络[M]. 北京: 清华大学出版社, 2003.

[23] SOLTERO M, ZHANG J, COCKRILL C, et al. 422 and 485 standards overview and system configurations[R]. 2002.

[24] BRO R, SMILDE A K. Principal component analysis[J]. Anal Methods, 2014, 6(9): 2812-2831.

第 4 章

物联网终端

4.1 物联网终端类型

物联网终端指在物联网中连接传感网络层和传输网络层，实现数据采集并向网络层发送数据的设备。它具有数据采集、数据初步处理、加密、传输等多种功能。

根据终端的网络接入方式的不同，可将物联网终端分为两类。一类是有卡终端，或称蜂窝物联网终端，主要特征为以基础电信企业提供的物联网卡为通信媒介，接入以 NB-IoT、eMTC 等授权频段技术为代表的蜂窝移动通信网络。其中，NB-IoT 具有广覆盖、大连接、低功耗、低成本的特性，适用于终端数据量多、分布范围广、移动性低、定位时效性不敏感、数据传输量小的场景，如智能抄表、智能路灯、智能井盖等应用；eMTC 具有广覆盖、低功耗、高速率、高可靠性等特性，且支持语音交互功能，适用于终端移动性强、传输速率要求高、定位时效性高的场景，如可穿戴设备、智能物流等应用。

另一类是无卡终端，主要特征为将无线通信接入模块嵌入终端内部，接入以 Wi-Fi、低功耗蓝牙、LoRa、Sigfox、ZigBee 等非授权频段技术为代表的行业专网和自组织网络。其中，Wi-Fi、低功耗蓝牙、LoRa 技术应用最广泛。Wi-Fi 具有组网灵活、传输速度快等特性，主要用于智能家居、电力监测等场景；低功耗蓝牙技术具有短距离、低功耗、低成本、支持复杂的网络连接等特性，主要用于智能家居、智慧医疗等场景；LoRa 技术适用于小数据量、大覆盖范围、低功耗、低成本需求的场景，如智慧城市、智能园区、智慧工厂等垂直行业领域。

围绕不同物联网应用场景的具体需求，物联网终端可分为三类。第一类是消费性物联网终端，如图 4-1 所示[1]，以提升消费者自身体验为主导，是影响人体感知的舒适度、安全性和效率功能的关键因素。目前，市场上各种智能设备层出不穷，该类终端主要应用于可穿戴设备、智能硬件、智能家居、智能出行、健康养老等规模化的消费类应用。

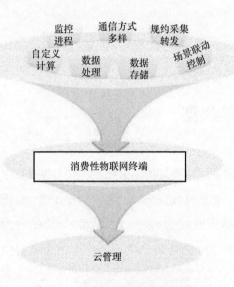

图 4-1　消费性物联网终端示意

第二类是公共性物联网终端，以 NB-IoT、LoRa 等低功耗广域网络为载体，以服务智慧城市为主导，基于智能传感器及网络全面实现城市连接与城市感知，准确及时感知"城市脉搏"。该类终端主要应用于智慧城市、智慧安防、智能交通、智能照明、智能停车、智能井盖、智能垃圾桶等。

第三类是生产性物联网终端，主要面向供给侧的生产性物联网，以服务工业、农业、能源等传统行业为主导，现已成为传统行业转型升级所需的关键基础设施和关键要素。例如，工业物联网终端主要安装在工厂的大型设备上，用位移传感器、位置传感器、振动传感器、液位传感器、压力传感器、温度传感器等采集数据，通过有线网络或无线网络传输至决策服务端进行数据的汇总和处理，实现对工厂设备运行状态的及时跟踪，提高工作效率。

　　在物联网终端中，网关是一种非常特殊且重要的存在，网关可以被认为是物联网终端的一种。在物联网系统中，网关充当了连接终端设备和云平台或中心服务器之间的桥梁和中继器的角色。它通过与各种物联网终端设备通信，收集和传输数据，并与云平台进行数据交换和管理。

　　网关由于承担着桥梁和中继器的角色，因此具备多协议支持的特性，网关可以支持多种通信协议，如 Wi-Fi、蓝牙、ZigBee、Z-Wave 等，以便与不同类型的物联网终端设备进行通信和连接；从多个物联网终端设备中收集数据，并进行聚合和处理，它可以将来自不同终端的数据进行整合，进行必要的数据转换、筛选和预处理。隐私保护也是网关的特性之一，作为连接物联网终端和云平台之间的关键节点，网关需要具备一定的安全性和隐私保护机制。它可以实施数据加密、身份验证等安全措施，确保数据在传输过程中的安全。

　　未来，网关会在人工智能的赋能之下具备一定的本地存储、计算能力以及决策能力，可以在本地对数据进行存储和处理，这样可以降低对云平台的依赖，实现更快速的响应和决策。由于网关的存在，物联网系统可以支持大规模的物联网终端设备连接和管理。它提供了更高级别的控制和协调，使物联网终端设备能够与云平台交互，并实现更复杂的功能和应用。

4.2　物联网终端协议

　　物联网终端协议是指物联网设备进行连接和通信的协议。这些协议定义了设备之间的通信方式、数据传输格式和安全性等方面的要求。以下是物联网终端协议的一些基本需求。

　　① 低功耗。物联网设备通常由电池供电，或者通过能量收集器从环境中获取能量。因此，终端协议需要具备低功耗特性，以延长设备的电池寿命或有效利用环境能源。

　　② 轻量级。物联网设备通常尺寸较小且资源受限，因此终端协议需要具备轻量级的特性，以适应资源受限的设备，并减少通信开销。

③ 互操作性。物联网设备通常来自不同的制造商，使用不同的技术和通信标准。终端协议应具备互操作性，使不同设备之间能够无缝地通信和交换数据。

④ 安全性。物联网设备通常涉及敏感数据的传输和处理，如个人身份信息和隐私数据。终端协议需要提供安全的通信机制，包括身份验证、加密和数据完整性验证，以确保数据的安全性，实现隐私保护。

⑤ 灵活性。物联网设备通常需要适应不同的应用场景和需求。终端协议应具备灵活性，能够支持不同的网络拓扑结构（如星型、网状）和通信模式（如点对点通信、发布/订阅模式）。

⑥ 高效性。物联网通常连接数量众多的设备，终端协议需要具备高效的通信机制，以支持大规模设备的管理和数据传输。

⑦ 设备管理。终端协议应提供设备管理功能，包括设备注册、配置、固件更新和故障排除等，以便对物联网设备进行管理和维护。

⑧ 云集成。终端协议应具备与云平台集成的能力，以实现物联网设备与云端应用的连接和数据交换。

4.3 边缘智能技术与协议

4.3.1 边缘智能技术与协议概述

随着边缘计算与人工智能技术的高速发展，两者结合催生了一种新兴计算范式——边缘智能，在推动边缘计算技术优化的同时助力解决人工智能在"最后一公里"落地的关键问题，实现彼此赋能。目前，边缘智能在工业物联网、智慧城市、车联网等领域得到广泛应用及认可。作为一项新兴交叉学科技术，边缘智能通过将人工智能推送至靠近数据源侧，并利用边缘算力、存储资源及感知能力，在提供实时响应、智能化决策、网络自治的同时，赋能更加智能、高效的资源调配与处理机制，从而实现物联网从接入"管道化"向信息"智能化"使能平台的跨越。

边缘智能有两大关键技术：协同计算与资源隔离。

协同计算按计算主体进行分类，分为云边协同和边边协同两种，如图 4-2 所示。当前，工业界在研究和实践云端和边缘协同计算领域有很多的技术沉淀。云边协同计算涉及云计算中心与边缘节点的协作，分为预测–训练云边协同、云导向的云边协同和边缘导向的云边协同 3 种情境。在预测–训练云边协同的情境下，云计算中心在数据汇聚方面扮演关键角色，用于 AI 模型的集中训练和更新。与之对应，边缘设备负责数据的输入和推理结果的输出，这一合作模式在视频检测、设备工况预测等领域应用广泛，并得到了成熟的框架支持。在云导向的云边协同情境下，云计算中心的作用不仅限于模型训练和更新，还承担部分模型推理计算任务。这涉及在模型中选择适当切割点的问题，确保计算和通信开销得以平衡。在边缘导向的云边协同情境下，边缘设备负责模型推理和数据收集，并在本地或附近设备上进行模型训练和更新。边边协同计算作为一个新兴的研究领域，它强调了对用户隐私数据的进一步保护，并避免了"数据孤岛"问题。当前，协同计算的热点是边边协同计算，而自主学习更注重满足边缘节点用户的个性化需求。自主学习通过多种机制，如数据增强、运行时缓存和模型压缩等手段，将训练任务分配到资源受限的边缘或终端设备上，以完成与隐私数据相关的计算，并提高隐私保护水平。

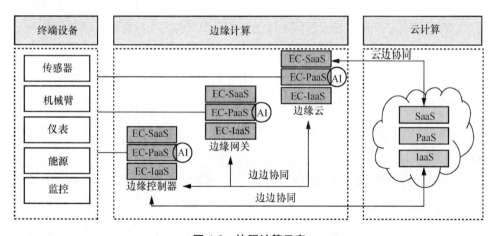

图 4-2　协同计算示意

资源隔离是边缘智能发展的关键技术，对于复杂的工业互联网场景至关重要。这种技术通过对计算、存储、网络等资源进行综合管理，确保系统的稳定性，从而保障服务的质量和可靠性。以流水线生产或汽车配件定制化生产为例，资源隔离技术有助于防止任务之间的干扰，降低数据泄露的风险。在虚拟化技术领域，虚拟机技术曾推动云计算的发展，但它相对较重，启动时间较长，不能满足边缘场景的实时性需求。相比之下，容器（如 Docker）作为新一代虚拟化技术，在减小启动开销方面取得了显著进展。容器支持应用程序在基于操作系统的虚拟化隔离环境中运行，并通过分层镜像技术实现了快速打包和分发，仅需毫秒级的时延，同时资源消耗较低。这些优势使容器成为边缘系统实现资源隔离的首选技术[2]。

4.3.2　边缘智能与无人机技术

在物联网边缘计算场景中，无人机因其部署灵活、响应迅速、覆盖范围广等优点，已在各类边缘计算场景广泛应用。特别是在地面的基础通信设施遭到毁坏时，无人机能够快速覆盖受灾区域，向地面用户提供通信和计算服务，这已经成为应急通信领域的有效解决方案。下面介绍针对无人机在物联网场景中的应用，结合边缘智能技术开展的相关研究。

针对边缘网络环境下多无人机之间存在计算负载不均，造成卸载任务失败的问题，文献[3]提出了一种多无人机间协作的智能任务卸载方案。通过联合考虑多无人机任务分配、计算资源分配和无人机飞行轨迹，引入公平性指数建立了无人机公平负载最大化和能量消耗最小化问题。基于多智能体深度强化学习框架，提出了融合轨迹规划和任务卸载的分布式算法。仿真结果表明，该多无人机间协作的智能任务卸载方案可以显著提高任务完成率和负载公平度，并且有效适用于大规模用户设备场景。

针对无人机集群数据传输的大容量带宽消耗和低时延需求，文献[4]提出了一种基于拓扑优化的无人机集群联邦学习模型优化方法，不同于常规集中式的联邦学习方法需要每个节点都直接与中心服务器相连接，以进行模型参数的传输和聚合，该方法基于领头无人机对整个学习过程进行收敛判断和调控，动态调整每架跟随无人机本地模型参数的聚合路线和无人机集群联邦学习的拓扑结构，实现跟随无人机跟随领头无人机执行智能化任务，节约了无人机的能量，可以显著加快联邦学习过程，大大提高了无人机集群联邦学习的鲁棒性，优化了无人机集群联邦学习的整体性能。

针对多无人机动态变化的环境使任务分配无法产生最优解的问题，文献[5]提出了一种多无人机公平协作和任务卸载优化方法及系统，构建了一个由多用户设备、多无人机组成的两层网络架构，并考虑计算任务双重卸载机制，进一步引入公平性指数；联合考虑无人机轨迹、计算资源分配以及多无人机协作任务分配，在满足任务最小时延的前提下实现长期无人机最大公平负载和最小功率消耗；将多目标优化问题建模为马尔可夫决策模型，然后提出了基于多智能体深度确定性策略梯度（MADDPG）的协作卸载算法，多无人机之间通过信息交互，在动态环境下自适应调整卸载方案，从而得出每个无人机的最佳协作策略，实现所有无人机预期总奖励的最大化，输出有效的飞行轨迹，在保证任务成功的情况下均衡无人机负载并节省能耗。

4.3.3 边缘协同推理技术

由于边缘计算中节点的资源受限、性能普遍较低，因此实现节点资源协同推理成为研究热点[6]。边缘协同推理利用节点间的协同，通过不同的训练优化手段，获取用于协同推理的模型，并结合场景的资源特点等信息在训练节点或边缘设备上完成部署。面向边缘计算的协同推理相关研究如下。

基于卷积神经网络（CNN）的移动应用通常处理计算密集型任务，然而，传统的云推理和端推理方式在低时延和高准确率方面面临很大的挑战。针对以上问题，文献[7]提出了一种基于边端协同的 CNN 推理框架。它采用一个端设备和多个边缘服务器协同工作来提供 CNN 推理服务。该框架综合考虑高度动态的网络带宽和设备负载情况，分步决策出模型多个最佳分割位置，以优化计算和通信权衡。

文献[8]提出了基于云边端协同的深度学习模型训练和推理结构部署方法，在云服务器、边缘服务器、物理终端上运行。边缘服务器搭载训练模块、推理模块、态势感知中心。态势感知中心包括用于感知边缘服务器的计算资源、边缘服务器之间的带宽占用情况并进行物理距离计算的边缘服务器计算能力感知模块，用于感知云服务器计算资源、边缘服务器与云服务器间的带宽占用情况并进行物理距离计算的云服务器计算能力感知模块；训练模块和推理模块进行资源成本计算以决定结构部署方法，使结构可充分调动网络边缘侧的计算能力，同时为边缘侧赋予了智能决策能力，为边缘操作系统在边缘侧的成功部署以及海量、复杂任务的时效计算给出了解决办法。

针对协同推理过程中网络带宽限制和动态环境的不确定性，文献[9]提供了一种面向深度学习分层模型的协同推理方法，对深度学习分层模型采取逐层分割的方案，应用边缘计算节点处理速度这一状态信息，只需做一次统一决策，即可为节点匹配计算量合适的不同层推理子任务；还使用网络遥测技术感知节点间网络状态，当出现阻塞时及时调整整体决策。

针对深度学习分层模型推理过程中计算时延高和数据安全性较差的问题，文献[10]提出了一种基于边缘计算节点打分表的深度学习模型分层卸载方法，该方法属于边端协同计算技术领域。首先，离线获取边缘集群中各边缘计算节点算力参数，提取每个计算节点的算力综合分数并进行归一化处理得到总分，根据各个计算节点的总分形成打分表；同时，离线统计深度学习模型各层计算量大小，统计参与推理的深度学习模型每一层计算量的大小情况并对其分区，根据不同边缘计算节点对不同分区计算能力的差异分类；然后，依据此分类对边缘计算节点打分表划分区间，从而合理分配任务给计算能力充足的边缘计算节点，提高边缘集群中节点的资源利用率、降低计算时延。

4.4 机器学习与联邦学习在边缘智能中的应用

机器学习是工业发展的关键技术驱动力之一，它使企业能够在生产线上部署智能算法以提高效率和简化决策。物联网的发展使各种设备数据可作为驱动的资源，为机器学习创造了十分有利的基础条件。但是，物联网设备通常通信资源有限，将设备数据全部上传到云服务器会占用大量的网络带宽，并且在浪费终端设备计算资源的同时也带来了隐私数据泄露的风险。

在可以并行处理大量数据的物联网机器学习场景中，联邦学习是一种新兴的方法，它可以保护大数据环境下模型学习中所涉及的用户数据隐私。其主要工作步骤如下：发起者将全局模型下发给所有参与者；参与者使用其私有数据训练得到的本地模型，将其上传到云服务器中进行聚合，并进行全局参数更新获得全局模型。

在集中式联邦学习系统的典型客户端-服务器架构中，中央服务器存在一些实际应用中难以获取客户端的所有本地更新数据的问题，并且集中式服务器可能发生故障，造成数据丢失。参与学习的终端设备往往是异构的，并且可能进行难预测的高速运动，如汽车、无人机等，这些参与者会面临超出通信范围、信道衰落、网络连接不稳定等问题，传输不完整甚至错误的模型参数，影响其他设备参与联邦学习的积极性，并且降低全局模型的准确率，增加联邦学习训练的完成时间。此外，物联网的智能特性要求广泛且灵活的本地或跨区域合作的自组织，在现实应用场景中，服务器之间以分散的方式工作往往更合理，这使服务器更容易受到攻击，或者表现得自私，只与其他服务器共享低质量的本地模型更新。

针对上述问题，文献[11]提出了一种去中心化联邦学习系统。该系统包括模型共享平面、与模型共享平面连接的边缘服务器，以及与边缘服务器连接的参与训练的终端设备。该系统基于终端设备资源信息进行全局模型分割，平衡各终端设备进行本地模型训练的时间差异，且分割策略会随着终端设备本地资源进行调整，保证每一次都选择完成训练时间最小的方案，提高训练吞吐量、降低通信成本，从而加快训练进程。

4.5　排队论在边缘智能技术中的应用

排队论的研究在移动边缘计算领域得到了广泛的关注和应用。同时，排队论融入了机器学习、人工智能等技术，进一步提升了移动边缘计算系统的性能。排队论在移动边缘计算场景中降低任务处理时延、优化资源分配等方面起着关键作用。常见的排队模型包括先来先服务（First Come First Service，FCFS）、后来先服务（Last Come First Service，LCFS）以及基于优先级（Priority-based，PR）排队。当大量任务在边缘服务器等待处理时，可能出现任务在队列中的等待时间过长，从而使任务超出其时延容忍范围，造成处理失败的问题。基于上述问题，研究者在排队队列中引入反悔机制，但是在现有的研究中，用户的反悔行为是随机的，并没有根据当前系统中的排队情况做出适时的调整决策。

在协同推理的研究中，大多数模型分区点只考虑推理模型的传输时延和处理时延，而没有考虑模型在排队队列中的等待时延，但在整个推理过程中不可忽略该因素。针对以上问题，文献[12]提出了一种基于排队论的协同推理加速方法，考虑了推理任务在排队队列中的等待时延，根据等待时延的长短而触发反悔机制，同时优化模型分区点，最终达到最小化时延的目的。当推理任务到达边缘服务器后在边缘服务器处犹豫，做出是否上传到云服务器的决策，进入边缘服务器的等待队列后结合模型分区做出是否反悔的决策，最终实现整个协同推理加速过程。为实现上述功能，设计了基于不耐烦排队的协同推理加速场景，包括多个终端设备、多个边缘服务器以及一个云服务器，其中终端设备和边缘服务器的物理距离相对于云服务器较近，因而终端设备优先选择将深度神经网络（Deep Nerual Network，DNN）模型上传到边缘服务器完成推理，当边缘服务器负载过大时再考虑上传到云服务器完成协同推理过程。

4.6 边缘操作系统

区别于传统的嵌入式系统、物联网操作系统等，边缘操作系统旨在向下管理异构的计算资源，向上处理海量的异构数据及应用负载。同时，针对云集中式计算模型导致的时延不可预测、带宽资源消耗高、隐私泄露等问题，边缘操作系统通过将计算能力下沉到网络边缘侧，将计算任务卸载到网络边缘侧等行为，实现低时延、高能效的数据处理，再利用 AI 算法的能力驱动，进而在网络边缘侧实现海量数据的智能处理。

当前边缘操作系统以云集中式计算模型为计算范式，仅赋予边缘侧低级的数据筛选能力，没有充分考虑物理终端、边缘服务器和云服务器的协作能力，受限于边缘侧有限的计算资源，只能为部分 AI 算法提供能力支撑，无法保障 AI 算法在操作系统层面的执行效率。针对上述问题，文献[13]提出了一种面向边缘操作系统的运算加速方法，将 AI 模型的训练、推理和部署与以边缘服务器为主体的"物理终端–边缘服务器–云服务器"协作机制充分结合，实现海量、复杂任务的高效计算。

运算加速方法使边缘侧可以在靠近视频产生的边缘节点进行视频处理分析，但面临边缘服务器视频缓存容量有限的问题。目前，内容提供商大多使用简单的基于规则的缓存策略，如最近最少使用（Least Recently Used，LRU）、最不频繁使用（Least Frequently Used，LFU）等。然而，与基于 CDN 服务器的缓存环境不同，边缘缓存环境较复杂，不同的边缘区域拥有多样化和动态化的视频请求，邻近基站间需要通过协作边缘缓存，以更好地负担单个边缘服务器上有限的存储容量。因此，传统的缓存策略已不适用于动态复杂的边缘缓存环境。

为解决上述技术问题，文献[14]提出了一种基于区块链的云边端协同视频流缓存系统，充分发挥边缘服务器的计算和存储能力，并加入区块链技术，解决互联网视频流量大幅度增长而导致的时延及能耗过高的问题以及计费信息安全问题，实现协同边缘缓存。

参考文献

[1] 陈君华, 梁颖, 罗玉梅, 等. 物联网通信技术应用与开发[M]. 昆明: 云南大学出版社, 2022.

[2] 任姚丹珺, 戚正伟, 管海兵, 等. 工业互联网边缘智能发展现状与前景展望[J]. 中国工程科学, 2021, 23(2): 104-111.

[3] 郭永安, 王宇翱, 周沂, 等. 边缘网络下多无人机协同计算和资源分配联合优化策略[J]. 南京航空航天大学学报, 2023, 55(5): 757-767.

[4] 郭永安, 李嘉靖, 王宇翱, 等. 一种基于拓扑优化的无人机集群联邦学习模型优化方法: CN116582871A[P]. 2023-08-11.

[5] 郭永安, 周沂, 王宇翱, 等. 一种多无人机公平协作和任务卸载优化方法及系统: CN202310908869.5[P]. 2023-10-13.

[6] 王睿, 齐建鹏, 陈亮, 等. 面向边缘智能的协同推理综述[J]. 计算机研究与发展, 2023, 60(2): 398-414.

[7] 郭永安, 周金粮, 王宇翱. 基于边端协同的 CNN 推理加速框架[J]. 南京邮电大学学报(自然科学版), 2023, 43(3): 68-77.

[8] 郭永安, 周金粮, 王宇翱, 等. 基于云边端协同的深度学习模型训练和推理架构

部署方法: CN202210323840.6[P]. 2022-06-10.

[9] 郭永安, 奚城科, 周金粮, 等. 一种面向深度学习分层模型的协同推理方法: CN202310459836.7[P]. 2023-07-04.

[10] 郭永安, 奚城科, 周金粮, 等. 基于边缘计算节点打分表的深度学习模型分层卸载方法: CN202211469689.3[P]. 2023-05-30.

[11] 郭永安, 李嘉靖, 王宇翔, 等. 一种去中心化联邦学习系统、方法、存储介质及计算设备: CN202310534928.7[P]. 2023-09-22.

[12] 郭永安, 齐帅, 王宇翔, 等. 一种基于排队论的协同推理加速方法: CN202311378988.0[P]. 2023-11-24.

[13] 郭永安, 周金粮, 王宇翔, 等. 一种基于云边端协同的深度学习模型推理加速方法: CN202210961978.9[P]. 2022-11-18.

[14] 郭永安, 周沂, 王宇翔, 等. 基于区块链的云边端协同视频流缓存系统: CN202311084846.3[P]. 2023-11-10.

第 5 章

物联网协议安全

物联网协议安全指在物联网设备和系统中，采取一系列安全措施来确保协议的安全性、完整性、可用性和机密性[1]。在物联网系统中，设备之间的通信协议和数据传输是系统组网和实现功能的基础，因此，通信协议的安全性是整个物联网系统安全和稳定的前提。

5.1 物联网协议安全的需求

安全性是物联网应用中最为重要的需求之一，其实现不仅涉及技术方面，还需要从组织、管理和制度等方面进行保障。为了确保物联网协议的安全性，需要采取以下措施。

① 认证和授权

认证和授权是保障系统安全性的基础，可以通过用户名密码、数字证书、双因素认证等方式进行身份认证，并授权合法用户访问系统。

② 加密和解密

对数据进行加密和解密是确保数据安全的关键，可以使用如对称加密或非对称加密等方法来实现数据的加密，确保数据在传输和存储过程中不被未经授权的人员访问和泄露。

③ 安全传输和安全存储

安全传输是保障数据安全性的一种措施,可以采用 TLS/SSL 等安全传输协议,确保数据在传输过程中不被窃听、篡改和冒充。安全存储是保障数据安全性的另一种措施，可以采用加密存储、分布式存储等方式，确保数据在存储过程中不被未经授权的人员访问和泄露。

④ 漏洞修复和安全更新

漏洞修复和安全更新是保障系统安全性的重要措施，可以对系统进行安全评估、漏洞扫描和安全更新等，及时修复系统漏洞，保障系统安全性。

⑤ 安全审计和日志记录

安全审计和日志记录是保障系统安全性的重要措施，可以记录用户的操作行为、系统事件和异常情况，及时发现和排除安全隐患，保障系统安全性。

面对日益复杂和严峻的安全威胁，要保证物联网协议的安全性，需要同时采取一种或多种措施来确保协议的安全性、完整性和可用性。目前，物联网协议安全可采取的措施有多种，如使用安全协议、数字证书等技术确保通信的安全性和可靠性；采用身份认证和授权机制确保只有授权的用户和设备才能访问系统和数据；使用安全传输协议，如 TLS/SSL 协议等，确保数据传输的安全性和机密性；对数据进行加密，确保数据的机密性和完整性，防止数据泄露和篡改；实施安全监控，对系统和设备的活动进行监控，及时发现并应对安全威胁；定期进行安全更新和维护，修复漏洞，提高系统和设备的安全性和稳定性；对物联网设备和系统中的用户进行安全教育和培训，提高用户的安全意识和安全技能，防范安全威胁[2-3]。

物联网协议安全的需求见表 5-1，包括机密性、完整性、可用性和安全性。

表 5-1　物联网协议安全的需求

需求	描述
机密性	确保数据在传输和存储过程中不被未经授权的人员访问或泄露
完整性	确保数据在传输和存储过程中不被篡改或损坏
可用性	确保物联网系统和设备在需要时能够可靠地提供服务和功能
安全性	采取多种措施确保协议的安全性，包括使用认证和授权机制、安全传输协议、数据加密、安全监控、安全更新和维护，以及安全教育和培训等

综上，物联网协议的安全性需求需要采取多种措施，从技术、组织、管理和制度等方面保障系统的安全性和数据的机密性、完整性和可用性，确保物联网应用的稳定性和安全性。

5.2　协议的机密性要求

机密性是协议中数据安全的要求。数据机密性（Data Confidentiality）是指通过加密保护数据免遭泄露，防止信息被未授权用户获取、分析，一般采用数据隐私保护、身份认证和访问控制、加密和解密机制来实现。

5.2.1　数据隐私保护

数据隐私保护是物联网协议安全需实现的要素，旨在确保物联网设备和系统中的敏感数据不被未经授权的用户访问或发生泄露。随着物联网的快速发展，大量与个人相关的敏感数据需要被收集、传输和处理，数据隐私逐渐发展成为物联网发展过程中必须解决的问题。

为了在应用中实现数据隐私保护，大量物联网协议采用了以下 3 项技术。

① 数据加密。数据加密是保护数据隐私的重要手段。通过使用加密算法，可以将敏感数据转化为密文，只有具有合法解密密钥的用户才能解密和访问原始数据。

② 协议加密。物联网设备之间的通信采用如 TLS（Transport Layer Security）协议，可有效防止数据被窃听和篡改。

③ 匿名化和脱敏。匿名化和脱敏是保护数据隐私的重要手段。匿名化技术可以将个人身份信息与敏感数据分离，以保护用户的隐私。脱敏技术可以对敏感数据进行处理，如删除或替换关键信息，以减少数据泄露的风险。

数据存储和传输安全也是隐私保护关注的热点，物联网协议需要确保数据存储和传输过程中的安全性。数据存储主要采取合适的加密手段和访问控制措施，防止未经授权的访问；数据传输则使用安全的通信协议和传输层加密，确保数据在传输过程中不被窃听或篡改。

此外，为了更好地保护数据隐私，物联网协议还需要遵循法律法规和隐私保护标准。例如，欧洲的通用数据保护条例（GDPR）等法规要求各组织在处理个人数据时需保护用户的隐私权益，并采取适当的技术和组织措施来确保数据的安全性。

最终，通过数据加密、协议加密、匿名化和脱敏等技术手段和相关法规的综合应用，有效保护物联网协议中敏感数据的隐私。

5.2.2　身份认证和访问控制

身份认证和访问控制是物联网协议安全中的重要组成部分。身份认证是确认用户或设备身份的过程，常见的方法包括密码认证、双因素认证和数字证书认证。密码认证是一种简单而常见的身份认证方式，用户通过输入用户名和密码进行身份验证，对密码的安全性有一定要求，用户需选择强密码并定期更改密码。双因素认证指除了密码以外，还需要用户提供第二个身份验证因素，如手机验证码、指纹识别、硬件令牌等。双因素认证提供了更高的安全性，即使密码泄露还需要越过第二个身份验证因素。数字证书认证是一种基于公钥基础设施（PKI）的身份认证方法，通过数字证书，可以验证实体的身份和完整性，防止身份冒充和篡改。

传统的身份认证方式依赖于中心化的机构，容易导致数据泄露和伪造风险。区块链技术的出现为数字证书身份认证提供了一种去中心化的解决方案，解决了传统身份认证方式存在的问题。区块链是一种分布式账本技术，它使用密码学和去中心化的方式来记录和验证交易和数据。简单来说，区块链是由一系列按照特定规则链接在一起的数据块组成的链表结构。图 5-1 展示了一种基于区块链的身份认证方法。

基于区块链的身份认证方法是一种利用区块链技术来验证和管理用户身份的方法。它将用户的身份信息存储在区块链上，并使用密码学技术确保身份信息的安全性和难以篡改性。基于区块链的身份认证方法步骤如下。

① 用户注册。用户首先需要在区块链上注册。涉及用户提供身份信息，例如姓名、地址、生日等，并可能需要提供身份证明文件的数字副本。

② 判断信息合格有效。一旦用户在区块链上注册了身份，其个人信息将被验证机构进行验证，确保其真实性和合法性。

③ 用户身份信息数据上链。在身份验证过程中，用户提供其身份证明信息，并通过密码学算法生成一个数字签名，存储在区块链上。

④ 验证用户身份信息是否成功。用户身份信息被发送到区块链网络中的节点进行验证。节点使用公钥加密技术来验证用户的数字签名，并与存储在区块链上的身份信息进行比对。如果验证成功，则表明用户的身份信息有效，且身份认证通过。

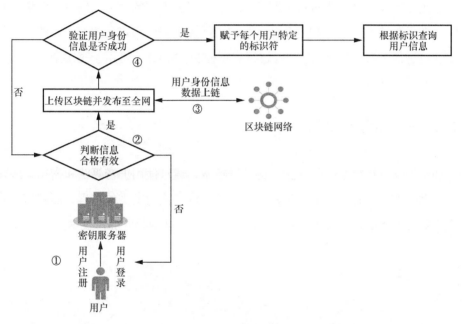

图 5-1　一种基于区块链的身份认证方法[4]

区块链采取了一种去中心化身份管理方式,在基于区块链的身份认证方法中，身份信息被存储在分布式的区块链网络上，而不是集中存储在单个机构或服务器中。这种去中心化的身份管理使身份数据更加安全，不易被篡改或冒用。

因此，基于区块链的身份认证方法可以提供一定程度的匿名性和隐私保护。用户可以选择在验证过程中仅透露必要的身份信息，而不需要暴露所有的个人身份细节。此外，区块链技术中的加密算法和智能合约可以确保用户身份信息的保密性。

访问控制是控制对资源或数据的访问权限，常见的方法包括角色基础访问控制

（RBAC）、属性基础访问控制（ABAC）、上下文感知访问控制和强制访问控制（MAC）。这些措施共同确保了数据的安全性和隐私性，防止未经授权的访问和数据泄露。角色基础访问控制将用户或设备分配给不同的角色，并给予每个角色相应的权限，通过定义角色和权限之间的关系，可以实现灵活的访问控制策略。属性基础访问控制，根据实体的属性（如用户属性、设备属性、环境属性等）来决定访问权限。ABAC 可以采用更细粒度的条件进行访问控制，提供了更灵活和动态的访问控制策略。上下文感知访问控制考虑了环境的上下文信息，如设备位置、网络连接方式、时间等来进行访问控制决策，根据不同的上下文信息，调整访问权限，增强系统的安全性和灵活性。强制访问控制基于预定义的安全策略，由系统管理员进行配置，对资源的访问进行强制控制，MAC 通常用于高安全级别的环境，例如政府领域等。

5.2.3 加密和解密机制

加密和解密机制是数据保护中的关键技术，通过使用加密算法和密钥管理来实现数据的安全传输和存储。加密是将原始数据转换为密文的过程，而解密是将密文恢复为原始数据的过程。图 5-2 展示了一种物联网邮件加密技术。

图 5-2   一种物联网邮件加密技术[5]

（1）对称加密

对称加密算法是一种使用同一密钥进行加密和解密的方法。在信息传输过程中，发送者用这个密钥将原始数据加密后发送给接收者，接收者再用同样的密钥对接收到的密文进行解密。在对称加密中，使用混淆和扩散的技术可以将明文与密文的关系打乱以及产生雪崩效应，使攻击者无法进行密码分析。混淆可以使密文与密钥的对应关系变得毫无规律，攻击者无法利用密文的统计信息和密文密钥的对应关系进行密码分析。而扩散则是为了让明文数据中每一位的变化都体现在密文中，形成雪崩效应，这样可以使大量密文中的统计规律消除。加解密速度快和计算开销小是对称密码的优势，可以较低的开销实现数据安全，因此被广泛应用。目前，高级加密标准（Advanced Encryption Standard，AES）因其较高的破解难度成为加密领域最常用的算法。AES 算法的安全强度与密钥长度有关，密钥越长安全性越高，但计算开销会变大。

对称加密技术主要步骤如下所示。①KeyGen（λ）：输入安全参数 λ 返回密钥 K；②Encrypt（K,M）：输入密钥 K 和消息 M 返回密文 C；③Decrypt（K,C）：输入密文 C 和密钥 K 返回消息 M。

对称密码技术的正确性由以下公式保证：当 C=Enc（K,M），则 M=Dec（K,C）。

（2）非对称加密

非对称加密算法也被称为公钥加密算法，是一种广泛应用的密码技术。它与对称加密算法的区别在于，非对称加密算法使用一对不同的密钥，即公钥和私钥。公钥可以随意传播，而私钥必须保密。在信息传输过程中，发送者利用接收者的公钥将原始数据加密，然后接收者使用自己的私钥对接收到的密文进行解密。由于只有接收方拥有私钥，因此只有接收方能够解密密文，其他人即使知道了公钥，也无法解密密文，从而实现了通信的安全。常见的非对称加密算法包括 RSA 算法、Diffie-Hellman 算法、DSA 算法等。其中，RSA 算法是最常见的一种非对称加密算法，它由 3 位密码学家 Rivest、Shamir 和 Adleman 提出，RSA 算法的安全性基于一个数学难题——大质数分解问题，也就是说，对于一个很大的合数，如果不知道它的因数分解，就很难对它进行破解。

（3）两种加密方式的比较

与对称加密算法相比，非对称加密算法具有如下 3 个重要优势。

① 更高的安全性：在对称加密中，加密和解密使用相同的密钥，如果密钥泄露，那么攻击者可以轻易解密数据。而非对称加密使用公钥和私钥，公钥用于加

密数据，私钥用于解密数据，私钥只由数据的接收方持有，不公开共享，很难被攻击者获取，因此非对称加密算法的破解难度更高，提供了更好的安全性。

② 更好的密钥管理：对称加密中，每对通信方需要共享相同的密钥，随着参与方数量的增加，密钥分发和更新变得困难，导致密钥管理变得复杂。而非对称加密中，每个参与方都有自己的一对密钥，不需要共享私钥，简化了密钥管理。

③ 身份验证和数字签名：非对称加密可以用于身份验证和数字签名。通过使用私钥对数据进行签名，接收方可以使用对应的公钥验证签名的真实性和完整性。这种机制可以确保数据的来源和内容没有被篡改，提供了身份验证和数据完整性的保证。

非对称加密算法的缺点也比较明显，主要表现在以下4个方向。

① 计算复杂度高：非对称加密算法使用了较长的密钥长度和更复杂的数学运算，导致了更高的计算复杂度，需要更多的计算资源。

② 加密速度慢：非对称加密算法计算复杂度的增加导致了较慢的处理速度。相比之下，对称加密算法使用相同的密钥进行加密和解密，速度更快。因此，对于需要高效加密和解密的场景，非对称加密可能不是最佳选择。

③ 密钥长度：非对称加密算法所使用的密钥长度较长，通常要比对称加密算法的密钥长度长得多。长密钥会增加数据的存储和传输开销，并对系统资源产生额外的负担，只适合用于加密少量数据或者密钥交换。

（4）密钥管理

密钥管理是加密和解密过程的关键环节。对称加密中，密钥的安全性至关重要，需要采取措施来保护密钥不被未经授权地访问。常用的密钥管理环节有密钥生成、密钥分发、密钥存储和密钥更新等。非对称加密中，公钥是公开的，而私钥必须严格保密，只有合法的持有者才能访问。因此，私钥的生成、分发和存储需要特别注意，以防止私钥泄露导致数据被解密。

5.3　协议的完整性要求

数据完整性（Data Integrity）是指数据的精确性（Accuracy）和可靠性

（Reliability）。通常使用"防止非法的或未经授权的数据改变"来表达完整性。完整性是指数据不因人为因素而改变其原有内容、形式和流向。完整性包括数据完整性（即信息内容）和来源完整性（即数据来源，一般通过认证来确保）。数据来源可能会涉及来源的准确性和可信性，也涉及人们对此数据所赋予的信任度。例如，某媒体刊登了从某部门泄露出来的数据信息，却声称数据来源于另一个信息源。虽然数据按原样刊登（保证了数据完整性），但是数据来源不可信（破坏了数据的来源完整性）。

5.3.1　数据完整性验证

数据完整性验证是一种用于确保数据在传输、存储或处理过程中未被篡改或损坏的措施。其目的是验证数据的完整性和准确性，以确保数据的可靠性。

在物联网应用所处的复杂网络环境中，数据完整性是设备之间通信的基本要求。完整性是指数据在传输过程中没有遭到损坏、篡改或丢失。为了满足这个需求，物联网协议采用了多种技术和机制，其中之一就是校验和。校验和是一种用于验证数据完整性的技术，它通过对数据进行计算，得到一个校验和值，然后将该值附加到数据中一起传输。接收方在接收数据后，同样对数据进行校验和计算，并将结果与发送方传输的校验和进行比较。如果两者相等，说明数据在传输过程中没有发生任何变化，以此确定数据的完整性。通过校验和，接收方可以识别出数据是否发生了损坏，例如比特位的翻转或噪声引起的错误。其次，校验和可以检测到数据是否被篡改。

在物联网中，有多种校验和算法可供选择。经典算法有循环冗余校验（CRC）、哈希函数、数字签名等。具体选择哪种算法取决于所使用的协议和应用的需求。

（1）CRC

CRC 通过对数据进行多项式除法运算来计算校验和，冗余值和数据内容相关。发送方使用 CRC 算法对数据进行计算，并将 CRC 值添加到数据中一起发送，接收方使用相同的 CRC 算法对接收到的数据进行计算，并将计算得到的 CRC 值与接收到的 CRC 值进行比较。如果两个 CRC 值匹配，则数据未被篡改。

（2）哈希函数

哈希函数是一种将任意长度的数据映射为固定长度哈希值（Hash Value）的算法。哈希函数具有将输入数据转换为唯一哈希值的特性，即使输入数据发生微小的变化，哈希值也会有较大的差异。因此，哈希函数可在数据完整性验证中扮演重要角色。

接收方在接收数据后，利用相同的哈希函数对接收到的数据进行哈希计算，并将计算得到的哈希值与发送方传输的哈希值进行比较。如果两者一致，说明数据没有被篡改。常用的哈希函数包括 MD5（Message Digest Algorithm 5）、SHA-1（Secure Hash Algorithm 1）和 SHA-256（Secure Hash Algorithm 256）等。

哈希函数一般具有三大特点：唯一性，对于不同的输入数据，哈希函数生成不同的哈希值；不可逆性，根据哈希值无法还原出原始数据；固定长度，无论输入数据的长度如何，哈希函数都会生成固定长度的哈希值。哈希函数将数据转换为固定长度的哈希值。发送方使用哈希函数对数据进行计算，并将哈希值发送给接收方。接收方对接收到的数据应用相同的哈希函数，并将计算得到的哈希值与发送方发送的哈希值进行比较。如果两个哈希值匹配，则说明数据未被篡改。

5.3.2 数字签名

数字签名是另一种重要的安全保障方式，它的实现原理是将数据的摘要信息作为签名，并通过公钥加密传递出去，接收方通过解密和验证签名即可判断数据是否经过修改或篡改。图 5-3 展示数字签名的基本原理，数字签名技术基于非对称加密算法，发送方使用自己的私钥对消息进行签名，然后将消息和数字签名一起传输给接收方。接收方使用发送方的公钥对数字签名进行验证，通过 Hash 运算计算出消息的数字摘要，然后比较与数字签名中包含的数字摘要是否一致，以确认消息的完整性和真实性。基于数字签名的物联网协议安全设计方法步骤如下。

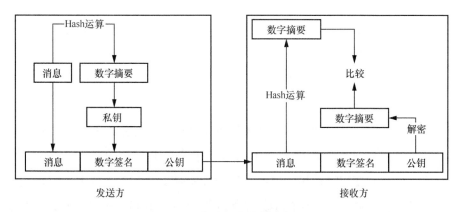

图 5-3　数字签名的基本原理

（1）密钥对生成

数字签名使用非对称加密算法，需要生成一对密钥，即公钥和私钥。在物联网中，通常使用 RSA 算法生成密钥对。生成密钥对的步骤如下。

① 随机生成两个大质数 p 和 q。

② 计算 $n=pq$，其中 n 为模数。

③ 计算欧拉函数 $\phi(n)=(p-1)(q-1)$。

④ 随机选择一个整数 e，满足 $1<e<\phi(n)$ 且 e 与 $\phi(n)$ 互质。

⑤ 计算 d，满足 $ed\equiv 1\bmod \phi(n)$，即 d 为 e 的逆元。d 是私钥，(e,n) 是公钥。

（2）签名

发送方使用私钥对要发送的消息进行签名，生成数字签名。首先使用哈希算法对消息进行处理，得到一个固定长度的数字摘要。再使用发送方的私钥对数字摘要进行加密，生成数字签名。

（3）传输

发送方将消息和数字签名一起传输给接收方。

（4）验证

接收方使用发送方的公钥对数字签名进行解密，得到数字摘要。接着，对接收到的消息应用同样的哈希算法，生成一个新的数字摘要。如果两个数字摘要相同，那么就可以认为这条消息是真实且完整的。

该过程可以用于验证数据的完整性，确保数据在传输、存储或处理过程中没有被篡改。数据完整性验证是保护数据可靠性的重要措施，在数据安全和防止数据损坏方面起着重要作用。

数字签名往往与消息认证共同使用验证数据完整性。在信息通信中，发送方和接收方需要确保数据在传输过程中不被篡改，同时验证发送方的身份。消息认证和数字签名提供了一种可靠的方法来实现这些目标。消息认证码（MAC）是一种常用的消息认证技术。它基于密钥，通过对数据应用特定的算法生成固定长度的认证码。发送方使用密钥和数据生成 MAC，并将其附加到数据中一起发送。接收方使用相同的密钥和接收到的数据重新计算 MAC，并将计算得到的 MAC 与接收到的 MAC 进行比较。如果两个 MAC 匹配，则可以确认数据的完整性和认证发送方的身份。

5.4 协议的可用性要求

可用性，指物联网协议需保证信息可被合法用户访问并能按要求顺序使用的特性。确保授权用户和实体对信息及资源的正常使用不会被异常拒绝，允许其可靠而及时地访问信息及资源。反之，则要防止非法者进入系统访问、窃取资源、破坏系统；也要拒绝合法用户对资源的非法操作和使用。可用性问题的解决方案主要有如下两种。

（1）避免遭到攻击

物联网在应用中面临大量的攻击，一些基于网络的攻击被设计用来破坏、降级或摧毁网络资源。免受攻击的常用方法包括：关闭操作系统和网络配置中的安全漏洞；控制授权实体对资源的访问；限制对手操作和浏览流经和流向这些资源的数据从而防止带入病毒等有害数据；防止路由表等敏感网络数据的泄露。

（2）避免未授权使用

当资源被使用、被占用和过载时，其可用性会受到限制。如果未授权用户占用了有限的资源（如处理能力、网络带宽、连接等），会影响授权用户的性能。识别与认证资源的使用可以提供访问控制来限制未授权使用。

5.4.1　分布式拒绝服务

分布式拒绝服务（DDoS）攻击是一种常见的网络攻击形式，是拒绝服务攻击的高级手段。攻击者通过占用目标系统的资源，使其无法正常提供服务给合法用户。这种攻击常常利用大量的超出目标系统处理能力的恶意流量或请求，导致系统负载过高，服务无法响应或变得极其缓慢。

在物联网中常见的 DDoS 攻击类型有多种。带宽消耗型攻击，攻击者通过发送大量的数据流量占用目标系统的带宽资源，使其无法提供正常的服务；连接消耗型攻击，攻击者通过建立大量的无效连接，消耗目标系统的连接资源，从而使合法用户无法建立有效连接；应用层攻击，攻击者模拟合法用户发送特定的请求，占用目标应用层资源，导致服务不可用。

为了抵御 DDoS 攻击，通常采取以下防御措施。

（1）流量过滤和防火墙

流量过滤和防火墙技术可以检测和过滤来自恶意源 IP 地址的流量。这些技术可以根据预定义的规则和策略，过滤异常流量和恶意请求，从而减轻系统负载和保护目标系统免受攻击。

流量过滤是一种在网络边界或关键节点上对数据包进行筛选和控制的技术。在 DDoS 攻击中，流量过滤可以用于过滤恶意流量，以减轻攻击对网络带宽和资源的影响。主要通过 IP 地址过滤、端口过滤、协议过滤以及数据包过滤 4 种模式进行防护。

① IP 地址过滤通过设置黑名单或白名单，对特定的 IP 地址或 IP 地址范围进行过滤。黑名单可以屏蔽已知的攻击源 IP 地址，而白名单可以仅允许信任的 IP 地址访问网络。

② 端口过滤通过关闭或限制特定的网络端口，以阻止攻击者利用特定端口进行攻击。例如，关闭不必要的服务端口或限制其访问。

③ 协议过滤针对特定的网络协议，对数据包进行过滤和控制。例如，可以限制 ICMP（Ping）流量或过滤掉异常的协议请求。

④ 数据包过滤通过检查数据包的内容、大小、频率等特征，对恶意的或异常的数据包进行过滤。例如，识别并过滤大量的重复数据包或异常大的数据包。

（2）负载均衡

负载均衡是一种网络结构技术，将网络流量分配到多个服务器上，以提高系统的性能和可靠性。在面对 DDoS 攻击时，负载均衡也可以发挥一定的防御作用，通过使用负载均衡设备或技术，可以平衡系统负载，防止单一服务器过载。负载均衡器可以根据服务器的性能和可用性动态调整流量分发，提高系统的可扩展性和抗攻击能力。

负载均衡通常具有流量分发、连接限制、健康检查以及 IP 封堵等能力。流量分发使负载均衡器可以将流量均匀地分发到多个服务器上，从而将攻击流量分散到多个目标，减轻单个服务器的压力。这种分散流量的方式可以使每个服务器只处理部分攻击流量，提高了系统的容量和韧性。连接限制可在负载均衡器中设置，限制来自单个 IP 地址或 IP 地址范围的连接数量。通过限制每个客户端的连接数，可以减轻 DDoS 攻击对服务器资源的消耗，并阻止攻击者通过大量连接进行攻击。健康检查则是针对后端服务器进行的，确保只有正常工作的服务器接收流量。在 DDoS 攻击中，攻击者通常会使用大量虚假请求来占用服务器资源，通过对后端服务器进行健康检查，负载均衡器可以将流量只转发给正常的服务器，过滤异常或不可用的服务器。

（3）缓存和 CDN

缓存和 CDN 可以将静态内容缓存到离用户更近的服务器上，减轻源服务器的压力，并提供更快的响应速度。缓存和 CDN 技术还可以将静态内容缓存在分布式的边缘节点上，使用户可以从离它们更近的节点获取内容，而不必每次都直接访问源服务器，这样可以减少源服务器的负载，因为请求不再直接到达源服务器，而是由缓存节点提供响应。

在 DDoS 攻击期间，当大量请求涌入时，缓存和 CDN 可以分担源服务器的流量，并确保服务器能够处理合法的请求，CDN 还可以分发流量到全球多个节点，这些节点可以在地理上分散攻击流量，提高系统的抗攻击能力。当 DDoS 攻击发生时，攻击流量会被分散到 CDN 的多个节点上，从而减轻任一节点的负载。这种分散流量的方式使攻击者难以集中攻击，同时提供了更好的容量和可靠性。

（4）增加带宽和网络容量

增加带宽和网络容量可以提高系统的承载能力，使其能够更好地应对大规模的 DDoS 攻击。通过与服务提供商合作，增加带宽和网络容量，可以确保系统在遭受攻击时能够正常运行。

（5）威胁情报和实时监测

建立威胁情报系统和实时监测机制，可以及时掌握攻击者的行为和攻击趋势。通过收集、分析和共享威胁情报，及早采取相应的防御措施，以减轻攻击对系统造成的影响。

（6）云安全服务

使用云安全服务提供商的服务，可以将流量路由到专门的防御设备上，过滤恶意流量并保护目标系统免受攻击。云安全服务提供商通常具有强大的基础设施和专业的安全团队，能够快速响应和缓解 DDoS 攻击。

（7）应急响应计划

建立完善的应急响应计划，包括指定责任人员、明确的沟通渠道和应急措施，以便在遭受 DDoS 攻击时能够快速响应和恢复。定期进行演练和测试，以确保应急响应计划的有效性和可靠性。

（8）分布式防御

通过在全球多个地理位置部署服务器和设备，实现分布式防御。这样可以将攻击流量分散到多个节点上进行处理，减轻单一节点的压力，并提高系统的抗攻击能力。

5.4.2　容错和恢复机制

（1）容错机制

容错是指系统在面临硬件故障、软件错误或其他异常情况时，能够继续正常运行或迅速恢复正常运行的能力。容错机制通过检测、纠正和处理错误，可以防止单点故障导致整个网络的崩溃，以保证系统在故障或异常情况下的可用性和可靠性。

冗余是常见的容错机制。系统中的冗余可以分为硬件冗余和软件冗余。硬件冗余包括冗余服务器、存储设备和网络设备等，以确保在某个组件故障时，备用组件可以接管工作。软件冗余包括备份和镜像，以确保在关键软件组件故障时，备用软件可以接管工作。冗余机制可以通过使用热备插拔或冷备插拔技术实现。

另一个常见的容错机制是错误检测和纠正。通过使用错误检测码（例如奇偶校验码、循环冗余校验码）或更复杂的纠错码（例如 RS 码），系统可以检测和纠正数据传输和存储过程中的错误。这样可以防止错误数据对系统的影响，并提高数据的完整性和可靠性。

（2）恢复机制

恢复机制指在系统发生故障或错误后，如何迅速恢复系统的正常状态。恢复机制可以基于备份和还原的原则，系统定期备份数据和配置信息，并将其存储在可靠的位置。当系统发生故障时，可以使用备份数据和配置信息来还原系统，使其恢复到故障前的状态。

常见的恢复机制是检查点与回滚。系统定期创建检查点，记录系统的状态和进程，检查点是在系统正常运行时保存系统状态的快照。它记录了系统在某个时间点的关键数据和状态信息，以便在发生故障时能够回滚到这个已知的良好状态，检查点通常包括以下内容。

内存状态：保存系统中各个进程的内存数据和寄存器状态。

文件系统状态：记录文件系统的元数据和打开文件的状态。

网络连接状态：保存网络连接和会话信息。

数据库事务状态：记录数据库的事务日志和持久化状态。

当系统发生故障或错误时，可以将系统回滚到最近的检查点，以恢复到之前的稳定状态。这种机制可以减少故障或错误对系统的影响，并减少数据丢失，回滚操作通常包括以下内容。

恢复检查点：将系统状态回滚到最近的检查点，即还原到之前保存的系统快照。

恢复内存状态：将进程的内存数据和寄存器状态恢复到检查点时的状态。

恢复文件系统状态：还原文件系统的元数据和打开文件的状态。

恢复网络连接状态：重新建立断开的网络连接和会话。

恢复数据库事务状态：根据事务日志和持久化状态进行数据库的恢复。

容错和恢复机制还包括预测和自适应技术。预测技术通过监测系统的性能和健康状况，预测潜在的故障和故障发生的时间，以便及早采取相应的措施。自适

应技术根据系统的运行环境和条件，自动调整系统的配置和参数，以适应变化和
异常情况。

5.4.3　时延和带宽要求

物联网应用系统通常涉及大量的设备和传感器，需要实时地收集和处理数据，并与其他设备和云平台进行通信，时延和带宽在物联网可用性中扮演着关键的角色。

首先是时延要求。物联网应用中有许多实时的场景，例如智能家居、智能交通和工业自动化等。在这些场景中，时延要求非常严格，及时的响应可以确保系统的正常运行和用户的体验。例如，在智能家居中，当用户通过手机应用控制灯光或温度时，需要迅速地将命令传输到相应的设备，并实时地反馈执行结果。因此，物联网协议安全需要考虑低时延的传输机制，以满足实时应用的需求。

其次是带宽要求。物联网系统中的设备和传感器通常会生成大量的数据，这些数据需要在网络中传输和处理。例如，工业物联网中的传感器可能会生成大量的监测数据，需要及时传输到云平台进行实时分析和决策。此外，视频监控和高清图像传输等应用也对带宽有较高的要求。因此，物联网协议安全需要提供足够的带宽来支持数据的快速传输和处理，以满足高带宽需求的应用。

在物联网协议安全设计中，时延和带宽要求不仅仅是为了提供良好的用户体验，还涉及系统的安全性。例如，物联网系统中的实时监测和响应对于安全事件的检测和应对至关重要。如果时延高或带宽不足，可能会导致安全事件无法及时被检测和响应，从而增加系统遭受攻击或损害的风险。

5.5　协议安全设计方法

保护物联网设备和协议的隐私、防止攻击和入侵、提高可靠性和稳定性、保持用户对系统的信任度，是保障物联网协议安全的关键目标。如果物联网协议存

在安全漏洞，攻击者可能会控制设备或获取敏感信息，从而影响个人和组织的安全和利益。因此，必须重视物联网协议的安全设计和实现，以确保物联网系统的整体安全性和稳定性[6-7]。

5.5.1 安全协议设计原则

（1）最小权限原则

最小权限原则指在物联网系统中为每个实体（例如设备、用户或服务）分配最小必要权限。它的核心概念是限制每个实体的权限，仅授予其完成其任务所需的最低权限级别，而不是给予过多的权限。这种做法有助于减少潜在的安全风险和攻击面，防止恶意实体滥用权限导致数据泄露。最小权限原则的实施涉及以下几个方面。

① 权限分级

物联网系统中的实体被分为不同的权限级别，根据其功能和角色进行分类。每个级别都被赋予特定的权限，确保实体只能访问其所需的资源和功能。例如，对于设备，可以将其分为管理级别和操作级别，只有管理级别的设备才能访问敏感配置信息，而操作级别的设备仅能执行基本操作。

② 最小权限原则的应用

在为实体分配权限时，应遵循最小权限原则来确定所需的最低权限级别。这意味着在为实体授权时，只授予其完成其特定任务所需的最小权限，而不是授予其所有可能的权限。例如，一个传感器设备只需要读取数据的权限，而不需要写入或修改数据的权限。

③ 权限控制

最小权限原则要求实施适当的权限控制。权限控制可以通过控制用户的访问权限和功能权限，保证数据只被授权的用户访问和操作，并且记录每个用户的操作日志，从而保证系统的可追溯性和安全管理。权限控制的目的是限制对物联网系统中敏感数据的访问和操作。常用的权限控制技术包括角色授权、访问控制列表、基于策略的访问控制等。这些技术可以在物联网协议设计中灵活应用，以保护系统免受未经授权的访问和恶意攻击。

④ 定期审查和更新权限

物联网系统中的权限需求和实体角色可能会随时间变化。因此，定期审查和更新权限是确保最小权限原则持续有效的重要步骤。这样可以及时调整权限级别，确保系统中的每个实体仅具有必要的权限。

（2）分层设计原则

物联网协议安全设计中的分层设计原则是一种将系统安全功能和控制分散到不同层次的设计策略。这种设计方法将物联网系统划分为多个层次，每个层次负责特定的安全功能和任务。

在分层设计中，物联网系统通常被划分为感知层、网络层和应用层等不同的层次。每个层次都有自己的安全需求和控制机制。感知层涉及物理设备和传感器，负责设备身份认证、数据完整性验证和物理安全措施。网络层负责数据传输和通信安全，包括数据加密、身份验证和访问控制等功能。应用层涉及用户接口和应用程序，负责用户认证、授权和安全监控等。

通过分层设计原则，物联网系统可以更好地组织和管理安全功能。每个层次专注于特定的安全任务，使系统更易于设计、实施和维护。此外，分层设计还提供了一种模块化的方法，使安全功能可以独立地进行更新和升级，而不需要影响整个系统。

分层设计原则还有助于减少安全风险的传播。如果某个层次受到攻击或存在漏洞，其他层次仍然可以提供一定的安全保护。这种安全隔离性可以限制攻击者的横向移动和对整个系统的影响。

（3）开放标准和协议

在物联网中，存在着大量不同类型的设备、传感器和应用程序，它们需要进行通信和数据交换，采用开放的标准和协议非常重要。

开放标准是由行业组织或标准化机构制定的公开技术规范。这些标准经过广泛的研究和验证，并得到了业界的广泛认可和接受。在物联网协议安全设计中，使用开放标准可以确保系统的互操作性和兼容性，使不同设备和组件能够进行安全的通信。

在物联网协议安全设计中，选择合适的协议非常重要，以确保数据的机密性、完整性和可用性。一些常用的安全协议包括 TLS（传输层安全）、IPSec（Internet

协议安全）和 SSH（安全外壳协议）等。这些协议除了提供加密、身份验证和安全通信的功能以外，还可以有效地保护物联网系统中的数据和通信。

采用开放标准和协议的好处是多方面的。首先，它们基于广泛的共识和行业最佳实践，具有较高的可信度和安全性。其次，使用开放标准和协议可以降低系统开发和集成的复杂性，使各个组件之间更容易进行通信和交互。此外，开放标准和协议还鼓励创新和竞争，促进行业的发展和成熟。

5.5.2 安全性评估和测试

（1）安全性漏洞分析

在物联网协议安全设计方法中，安全性漏洞分析是一项关键任务，用于识别和评估系统中存在的潜在安全漏洞和弱点。安全性漏洞分析通过系统性地审查和评估物联网协议的设计和实现过程，以发现可能导致系统受到攻击的弱点和漏洞。这种分析方法可以识别潜在的安全威胁，包括身份伪造、数据篡改、拒绝服务攻击等，从而采取相应的安全措施以保护系统。

安全性漏洞分析通常会进行协议审查、威胁建模、弱点分析以及风险评估。协议审查是指对物联网协议的设计文档进行全面审查，包括协议规范、消息格式、认证机制、加密算法等。通过仔细研究协议的每个方面，可以发现潜在的安全问题和漏洞。威胁建模是指根据协议的设计和使用环境，构建系统的威胁模型，模型包括分析潜在的攻击者和攻击路径、评估可能的攻击手段和目标。威胁建模有助于识别系统中的关键资产和脆弱点。弱点分析即对协议的实现代码进行详细的分析，寻找可能的安全弱点和漏洞，分析包括代码审计、安全测试和漏洞扫描等技术手段。弱点分析有助于发现潜在的安全漏洞，例如缓冲区溢出、输入验证不足等。风险评估是指对发现的安全漏洞进行评估，确定其对系统安全性的潜在威胁程度和影响范围。根据评估结果，确定优先处理的漏洞，并制定相应的修复计划。

（2）安全性测试工具和方法

使用安全性测试工具和方法可以帮助发现和修复物联网协议中的安全漏洞和弱点，提高系统的安全性和可靠性。测试工具和方法的选择应根据具体的系统特点和需求进行，并结合人工审查和专业知识，以获取全面的安全性评估结果，主要包括以下 3 种。

① 漏洞扫描工具

漏洞扫描工具是一类自动化工具，用于检测系统中已知的安全漏洞和弱点。这些工具通过扫描目标系统，分析协议实现、网络配置和设备设置等方面的问题，以识别潜在的安全漏洞，常见的漏洞扫描工具包括 Nessus、OpenVAS 等。

② 安全协议分析工具和安全性评估方法

安全协议分析工具用于对物联网协议的安全性进行形式化验证和分析，这些工具基于数学和逻辑原理，通过模型检测、符号执行和定理证明等技术，检查协议设计和实现中的安全性质是否得到满足。渗透测试工具是一类用于模拟真实攻击场景的工具，通过模拟攻击者的行为来评估系统的抵抗能力。这些工具可以模拟各种攻击技术，如 DDoS 攻击、SQL 注入攻击、社会工程学攻击等，以发现系统中的安全漏洞和弱点。

黑盒测试和白盒测试是常用的安全性评估方法。如图 5-4 所示，黑盒测试是基于攻击者的视角进行测试，没有关于系统内部实现的详细信息。白盒测试则基于对系统内部实现的了解进行测试。此外，安全性评估还包括灰盒测试、漏洞挖掘等方法。

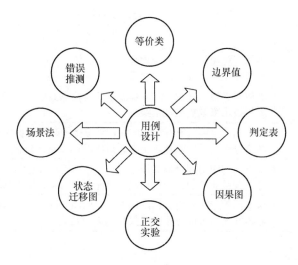

图 5-4　黑盒测试

③ 安全审计和监控

安全审计和监控是为了确保系统的安全性和可靠性而采取的重要措施。安全审计通过定期或不定期的全面审查和评估，检查系统中的安全控制措施、识别潜在的安全漏洞和弱点，并及时采取措施修复。安全监控则是实时监测和分析系统的网络流量、设备活动和日志信息，以发现异常行为和安全事件。通过安全审计和监控，可以及时检测到攻击行为、异常访问和漏洞利用等安全威胁，并采取相应的防御措施。同时，安全审计和监控还有助于发现系统中的安全漏洞和弱点，及时采取修复措施，提高系统的整体安全水平。

5.5.3 安全隔离

安全隔离是一种常用的物联网协议安全设计方法，它可以保护系统免受来自外部攻击的影响。在物联网协议安全设计中，各个设备之间的连接需要进行安全隔离，避免数据的泄露和攻击的渗透，同时也可以避免某个设备的故障影响到整体系统的安全性和稳定性。安全隔离通过隔离不同的系统和应用程序来防止攻击者通过一个系统入侵整个网络，从而减少安全风险。表 5-2 为安全隔离技术及其用途。

表 5-2 安全隔离技术及其用途

安全隔离技术	用途
虚拟化技术	将物理资源划分为多个虚拟的资源，使不同的应用程序能够在不同的虚拟环境中运行，从而实现物理资源的隔离
容器技术	类似于虚拟化技术，但是容器是共享操作系统内核的，因此相对于虚拟化技术来说更加轻量级
网络隔离技术	将不同的网络隔离开来，例如，将连接物联网设备的网络与企业内部网络分离，可以避免攻击者通过物联网设备入侵公司网络
应用程序隔离技术	将不同的应用程序隔离开来，例如，将运行关键业务的应用程序与运行非关键业务的应用程序隔离开来，可以减少整个系统被攻击的风险
数据隔离技术	将不同等级的应用数据隔离开来，例如，将个人隐私数据与办公数据隔离开来，可以防止未经授权的人员访问

（1）虚拟化技术

在物联网环境下，设备数量庞大、类型各异，设备之间在相互通信和交互时，存在不同的制造商和技术特性之间不兼容的问题。同时，物联网设备通常受到攻击的风险比较高，因此需要对不同的设备进行隔离，以保证设备间交互的安全性。

虚拟化技术是一种有效的安全隔离手段。虚拟化技术通过将不同的设备或应用程序隔离在虚拟化环境中，从而避免了不同设备之间的相互干扰和攻击。虚拟化技术可以将物理资源（如 CPU、内存、网络等）虚拟化成多个逻辑实例，每个实例相互之间独立，并且都运行自己的操作系统和应用程序。当然，虚拟化技术也存在一些缺点，如虚拟化软件占用的资源较多，性能相对较低，虚拟机启动时间较长等。

虚拟化技术作为一种有效的安全隔离手段，在物联网协议安全设计中扮演着重要的角色，可以有效地提高物联网设备和应用程序的安全性和可靠性。

（2）容器技术

容器技术是指一种隔离机制，可在同一个物理主机上将操作系统资源隔离开来，为每个应用程序提供一个相对独立的运行环境。与传统的虚拟化技术不同，容器技术不需要模拟整个计算机硬件，而是共享物理主机的操作系统内核。Docker 是目前最流行的容器化引擎，它通过镜像的方式来打包应用程序及其依赖项，并提供轻量级的隔离环境。

在物联网系统中，使用容器技术可以将不同的模块、服务或应用程序隔离开来，从而防止它们之间发生交互，避免潜在的攻击和漏洞影响到整个系统的安全性。通过使用容器技术，可以实现以下安全隔离的目的。

① 隔离应用程序之间的影响：不同的应用程序可以在不同的容器中运行，防止它们之间产生冲突和影响。

② 隔离应用程序与宿主机之间的影响：通过容器技术可以限制应用程序对宿主机的访问权限，从而防止应用程序对宿主机产生影响。

③ 隔离应用程序与外部网络之间的影响：容器可以与外部网络进行隔离，防止攻击者通过应用程序的漏洞入侵物联网系统。

总的来说，容器技术在物联网系统中的应用可以有效地提高系统的安全性和可靠性，保护系统的隐私数据和敏感信息，减少潜在的风险和威胁。

（3）网络隔离技术

网络隔离技术可以有效地防止网络攻击和恶意软件感染。网络隔离技术通过对物联网设备和系统进行分区，将不同的设备和系统放置在不同的网络中，使它们之间相互隔离，防止攻击者通过攻击一个设备或系统来获取对其他设备或系统的访问权限。

在实现网络隔离技术时，通常使用虚拟专用网络（VPN）、虚拟局域网（VLAN）等技术。

虚拟专用网络是一种通过公共网络（如互联网）建立安全连接的技术，它可以在不同的网络之间建立加密通道，使这些网络之间的数据传输变得更加安全。VPN可以有效地防止攻击者从公共网络中截取和窃取数据。

虚拟局域网则是一种将不同的物联网设备和系统分隔开来的技术，它可以通过虚拟化技术将不同的设备和系统放置在不同的 VLAN 中，从而实现它们之间的隔离。

以上这些技术可以用于网络隔离，保护物联网设备和系统的安全。通过使用这些技术，可以减少攻击面，提高物联网系统的安全性。

（4）应用程序隔离技术

应用程序隔离技术通过将应用程序限制在一个安全隔离环境中，来保护系统免受恶意攻击和未经授权的访问。常用的应用程序隔离技术包括沙箱技术、应用程序白名单以及隔离应用程序。

其中，沙箱技术是将应用程序运行在一个受控的环境中，该环境与其他应用程序和系统资源相互隔离，从而保证应用程序不会对其他系统资源产生不良影响。

而应用程序白名单是一种限制应用程序运行的方式，它只允许系统中列出的应用程序运行，并阻止未经授权的应用程序运行。通过使用应用程序白名单，可以有效地减少恶意软件对系统的危害。

隔离应用程序是一种将应用程序之间相互隔离的方法，以防止恶意软件通过一个应用程序对其他应用程序或系统进行攻击。一般通过保持应用程序和系统的更新、合理设置应用程序的权限等实现。

以上这些技术可以结合使用，形成一个多重隔离层级的系统，以进一步提高物联网系统的安全性。

（5）数据隔离技术

在物联网中，数据的隔离也是非常重要的一环，因为物联网中可能涉及不同等级的数据，比如个人隐私数据、企业机密数据等。如果这些数据泄露或被篡改，会带来非常严重的后果。因此，在物联网协议安全设计中，需要进行数据隔离。

一种比较常见的数据隔离技术是数据加密。通过对数据进行加密，可以保证数据在传输和存储过程中不被未经授权的人员访问，从而保证数据的安全性。常用的加密算法包括对称加密算法和非对称加密算法。

除了加密技术，还有一些其他的数据隔离技术，比如备份和恢复技术、分类和归档技术等。备份和恢复技术可以在数据出现异常情况时及时恢复数据，确保数据的完整性和可用性；分类和归档技术可以将不同等级的数据进行分类存储，降低数据被非法访问的风险。

通过以上安全设计方法的使用，可以有效地提高物联网协议的安全性。但需要注意，不同的安全隔离技术可能会产生不同的开销，因此需要根据具体情况进行选择和权衡。同时，安全隔离也需要和其他安全设计方法相结合使用，形成一个完整的物联网协议安全设计方案。

综上所述，物联网协议安全设计需要综合运用以上多种方式进行设计，建立明确的安全管理和监控体系，提高系统自身的安全性和稳定性。

参考文献

[1]　王文杰. 物联网系统安全协议的分析与设计[J]. 数字技术与应用, 2014(6): 204-206.

[2]　张伟康, 曾凡平, 陶禹帆, 等. 物联网无线协议安全综述[J]. 信息安全学报, 2022, 7(2): 59-71.

[3]　许国栋. 轻量级物联网安全传输协议研究[D]. 南京: 南京信息工程大学, 2022.

[4]　滕鹏国, 刘飞. 一种基于区块链的身份认证方法[J]. 通信技术, 2021, 54(5): 1214-1219.

[5]　翟霞, 冀翠萍. 网络安全视角下信息化发展问题研究[J]. 理论学刊, 2016(4):

104-108.

[6] BHUIYAN M N, RAHMAN M M, BILLAH M M, et al. Internet of things (IoT): A review of its enabling technologies in healthcare applications, standards protocols, security, and market opportunities[J]. IEEE Internet of Things Journal, 2021, 8(13): 10474-10498.

[7] 李淼, 马楠, 周椿入. 物联网系统应用层协议安全性研究[J]. 网络空间安全, 2017, 8(12): 40-44.

第 6 章

物联网典型应用场景

6.1 工业物联网

6.1.1 应用场景

工业物联网（Industrial Internet of Things，IIoT）是指将物联网技术应用于工业领域，实现智能化制造和管理。它将各种传感器、智能设备、网络通信、数据分析等技术应用到工业生产中，实现设备之间的连接，数据的采集、分析和共享。通过IIoT，企业可以实现对生产过程、设备状态、产品质量等方面的实时监控和管理，从而优化生产效率、降低成本、提高质量、提升客户满意度，增强可持续发展和竞争优势。IIoT 在制造业、能源行业、交通运输、农业等多个领域都有广泛的应用[1]。

如图 6-1 所示，工业物联网的应用场景非常广泛，主要有以下几个方面。

① 生产优化：工业物联网可以通过监测设备的状态和运行数据，实现设备的远程监控和预测性维护，提高设备的利用率和可靠性，降低故障率和维修成本。

② 资源管理：工业物联网可以监测和管理各种资源的使用情况，包括能源、水、原材料等，实现节能减排和资源的有效利用。

③ 质量控制：通过在生产过程中的各个环节中引入传感器和数据采集设备，工业物联网可以实时监测产品的质量参数，及时发现和纠正生产中的异常，提高产品质量。

④ 物流管理：工业物联网可以实时追踪物流过程中的货物位置、温度、湿度等信息，提供物流过程的可视化和监控，提高物流效率和安全性。

⑤ 健康安全：工业物联网可以用于监测和管理工作场所的安全环境，例如，监测有害气体、火灾风险等，预警并及时应对潜在的安全风险。

⑥ 数据分析与优化：工业物联网可以收集大量的数据，通过数据分析和挖掘技术，提取有价值的信息，指导决策和优化生产流程。

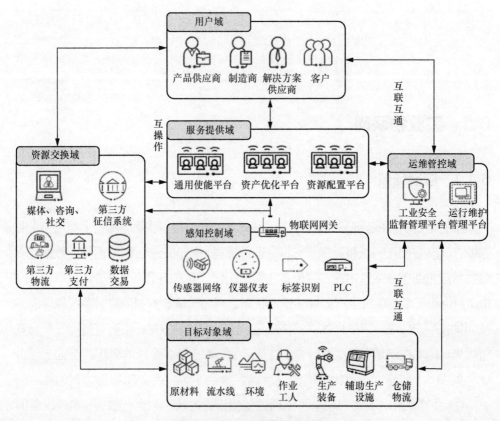

图6-1 工业物联网应用场景

我国工业互联网产业联盟的白皮书中[2]，将工业互联网平台分为 4 个主要的应用场景：面向工业现场的生产过程优化、面向企业运营的管理决策优化、面向社会化生产的资源优化配置与协同、面向产品生命周期的管理与服务优化。

6.1.2　发展需求

工业物联网的发展受到以下几方面需求的驱动。

① 提升生产效率和质量的需要。工业物联网支持设备和系统之间的实时数据交换和协同操作，实现生产过程的实时监测、优化和控制。分析大量的生产数据，可以发现潜在问题并进行预测性维护，减少停机时间和生产故障，提高生产效率和质量。

② 降低成本的需要。工业物联网通过实时监测和预测性维护，及时发现和解决设备故障，减少停机时间和维修成本，降低生产成本。

③ 实现远程监控和管理的需要。如图 6-2 所示，工业物联网实现对设备和生产过程的远程监控和管理。通过传感器和物联网连接设备，远程获取设备状态、运行数据和生产指标等信息。企业可以实时监测并分析这些数据，进行远程故障排除和调整生产计划，提高生产效率和响应速度。通过建立一套完整的、自上而下的中心网络控制平台，来实现各个应用场景的监控和管理。

④ 保障安全和保护环境的需要。工业物联网监测工作场所的安全环境，及时发现和处理潜在的安全风险，降低事故发生的可能性；通过监测并控制工业过程中的能源消耗和排放，降低对环境的影响。

⑤ 数据驱动决策的需要。工业物联网收集大量的生产和设备数据，通过数据分析和挖掘，提取有价值的信息，为企业决策提供科学依据。

⑥ 提升安全性和可靠性的需要。工业物联网实现对工厂和设备的安全监控和风险管理。通过实时数据的收集和分析，及时发现和应对潜在的安全隐患和风险。同时，工业物联网还能实现设备的远程锁定和控制，确保生产过程的可靠性和安全性。

⑦ 可持续发展的需要。工业物联网通过优化资源利用和能源消耗，实现可持续发展目标，减少对自然资源的依赖，并降低能源消耗和碳排放。

⑧ 实现智能制造的需要。工业物联网结合人工智能、大数据和云计算等技术，实现智能制造的目标。设备和系统的智能化和自主决策能力的提升，使生产过程更加灵活、自适应和自动化。通过优化生产计划、资源调度和供应链管理，实现生产线的智能化布局和优化。

图 6-2 工业互联网管理平台[3]

6.1.3 协议特征

工业物联网常用的协议有以下几种。

MQTT：是一种轻量级的发布/订阅消息传输协议[4]，通常用于低带宽和高时延的网络环境。其特点是协议简单、开销小、易于实现，适用于传输各种类型的数据。

CoAP：是一种专门为受限环境（如传感器、执行器等低功耗设备）设计的应用层协议[5]，支持 RESTful 风格的 Web 服务。其特点是轻量级、简单、可扩展性好，适用于需要实现远程监控和控制的应用场景。

OPC UA：是一种工业自动化领域广泛使用的通信协议[6]，支持多种传输协议（如 TCP、UDP、HTTP 等），适用于设备之间的互联和数据交换。

Modbus：是一种常用的串行通信协议[7]，通常用于工业自动化设备之间的通信。其特点是协议简单、易于实现、可扩展性好，适用于实现实时控制和监测。

工业物联网与工程、机械等联系较紧密，设备规模大，需工作在不同的环境，涉及多个不同的平台、通信网络的应用，数据采集传输的模式有多种，如图 6-3 所示。

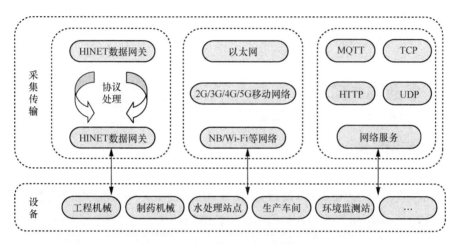

图 6-3　工业物联网的数据采集模式

工业物联网使用的协议特征如下。

① 低功耗。由于许多工业物联网设备需要长时间运行，因此协议需具备低功耗的特性，以延长设备的电池寿命或减少能源消耗。

② 宽带宽。工业物联网中需要传输大量的实时数据，包括传感器数据、设备状态数据等，因此协议需提供足够的带宽来支持数据的快速传输。

③ 低时延。在一些实时应用场景中，例如工业自动化和远程监控，协议需具备较低的时延特性，以确保实时数据的及时传输和响应。

④ 强安全性。工业物联网中涉及的数据通常是敏感且重要的，因此协议需提供强大的安全机制，包括数据加密、身份认证和访问控制等，以确保数据的机密性和完整性。

⑤ 扩展性。工业物联网通常是一个大规模的系统，涉及大量的设备和节点，因此协议需具备良好的扩展性，能够支持大规模网络的连接和管理。

⑥ 互操作性。工业物联网中使用了不同品牌和类型的设备，协议需具备良好

的互操作性，能够实现不同设备之间的数据交换和协同工作。

⑦ 容错性。工业物联网的环境通常是复杂和恶劣的，存在信号干扰、通信中断等问题，协议具备一定的容错性，能够处理和纠正通信中的错误。

⑧ 高效的网络利用率。由于工业物联网中的设备和节点较多，协议需要具备高效的网络利用率，减少不必要的通信开销和资源消耗。

工业物联网协议满足了工业物联网应用的需求和特点，特征鲜明，提供了可靠、高效和安全的通信和数据交互。

6.2 农业物联网

6.2.1 应用场景

农业物联网（Agricultural Internet of Things，Ag-IoT）是将物联网技术应用于农业领域的一种创新方式，它将传感器、物联网技术、云计算、大数据等现代信息技术与农业生产相结合，以提高农业生产效率、节约资源、保障农产品质量和安全为目标。通过将传感器、设备连接到网络和云计算，实现农业生产过程的智能化管理和优化。图 6-4 描述了一个简单的农业物联网应用场景。

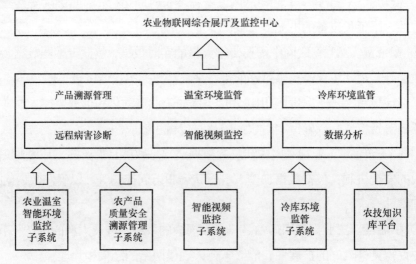

图 6-4　农业物联网应用场景

图 6-4 只是简单给出了农业物联网的几个具体应用，如今农业物联网发展迅速，其应用范围也被进一步扩大。以下是农业物联网目前的一些应用场景汇总。

（1）农业生产领域应用场景

① 动植物生长环境监测

利用多种类型的传感器收集获取动植物生长环境各类数据，包括设施农业中的光照、通风等参数，畜禽养殖业中的氨气、二氧化硫、粉尘等有害物质浓度等，完成对资源和环境的实时监测、精确把握和科学调配，节约成本、提高农产品品质，农业物联网基本需求如图 6-5 所示。

② 生长状态监测

在农业物联网系统中安装高清监控摄像机，可以通过视频监控实时获取动植物生长发育信息、健康及疫病信息和行为状况等信息。如物联网技术支撑下的畜禽水产健康养殖，采用 GPS 系统、视频监控系统、移动互联网等技术，对于养殖场地、处所实施监控，完成饲料投喂、通风遮光、增温灭菌和圈舍管理的全程自动化，使养殖户摆脱繁重的体力劳动，确保养殖动物的安全性和健康水平。

③ 智慧灌溉系统

通过传感器监测土壤湿度、气象条件等，结合智能控制系统和水泵设备，实现灌溉的精准控制和自动化管理，节约用水、提高灌溉效率。

④ 精准农业管理

利用农业物联网技术，通过传感器和无人机等设备，实时监测土壤质量、作物生长状况、病虫害情况等，实现精确施肥、灌溉和防治病虫害，提高农作物的产量和质量。

⑤ 实时预警

警告功能需预先在物联网系统内设定适合条件的上限值和下限值，设定值可根据农作物种类、生长周期和季节的变化进行修改。当某个数据超出限值时，系统立即将警告信息发送给相应的农户，提示农户及时采取措施。

⑥ 农业大数据应用

利用农业物联网收集和分析大量的农业数据，包括气象数据、土壤数据、作物生长数据等，为决策提供科学依据，优化种植管理、市场预测等。

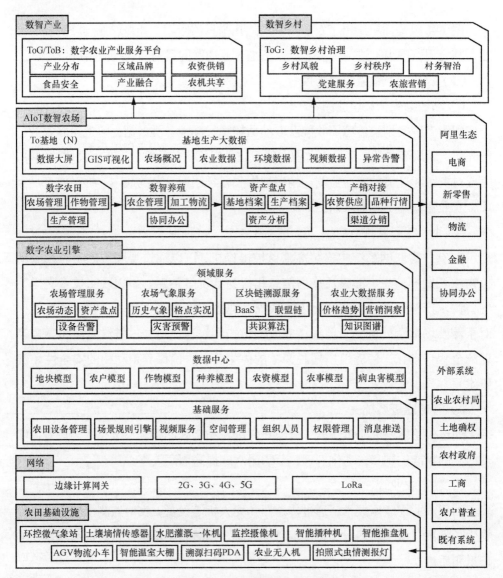

图 6-5 农业物联网基本需求[8]

（2）农产品加工领域应用场景

借助物联网技术，我国农产品的深加工手段不断向自动化和智能化转变。新技术被广泛应用于农产品的品质自动识别和分级领域，如该技术可以进行水果、茶叶等农产品存在的表面缺陷和损伤检测。

对加工所需原材料进行电子标记编码，通过电子标签，可全程监控全部食品加工过程,将温湿度等数据全部录入数据库,满足了消费者对食品加工过程透明、阳光的需求,也便于确认食品安全事故的责任归属。同时,农产品产业链可借助物联网系统、GPS 系统和视频系统,对农产品的清洗、保鲜、干燥、配送过程进行掌控,完成对整个农产品生产、运输过程的可视化管理,确保精确定位和及时调度农产品运输车辆,实时监控农产品的在途状况,掌握农产品所在冷库内温湿度情况,有助于科学做出生产决策。生产技术的自动控制,规范加工技术和过程,可减少人工操作,避免不必要的人为污染,实现农产品追溯。

利用远程传感器和无线通信技术,对农业机械的工况、运行时间、维护需求等进行实时监控和管理,及时处理故障和保养,可进行农业机械远程监控与维护,提高机械的利用率并减少停机时间。

(3)农产品流通领域应用场景

物联网在农产品质量安全与追溯领域发挥着不可替代的重要作用,农产品仓储及农产品物流配送环节是最重要的应用场景。溯源环节包括对物品的自动识别、产品仓储车间的监控、产品物流配送车辆的追踪定位,实现对农产品从产地到流通目的地的全程追踪。

借助物联网系统、GPS 系统和视频系统,可实现对整个农产品运输过程的可视化管理,确保精确定位并及时调度农产品运输车辆,实时监控农产品的在途状况,掌握农产品所在冷库内温湿度情况,有助于科学做出运输决策,从根本上改善运输路线的科学性和高效性。

6.2.2 发展需求

农业物联网想要进一步发展,必须解决以下 3 个方面的问题[9]。

(1)核心技术尚待突破,高端传感器严重匮乏

我国物联网普遍存在的问题是,网络传输层发展相对成熟,感知层和处理应用层发展较弱,农业物联网同样如此。图 6-6 展示了进口高端传感器的一些应用。与国外产品相比,国产农用传感器标准不统一、稳定性差,由于使用环境比工业用传感器更为恶劣,物联网设备往往使用寿命不长,导致监测所得数据结果准确性不够,我国国产传感器与稳定性和鲁棒性相关的核心材料、工艺

等都有待突破。此外，高端农业传感器（如对动植物生命体征的监测）严重依赖进口。国内农用传感器生产厂商绝大多数都是中小企业，研发水平落后，适用于丘陵地带等复杂的自然环境下的物联网设备有待进一步研发，传感器种类十分匮乏。

德国太阳辐射传感器

韩国红外CO_2双光路传感器

德国JUMO酸碱度测试仪

德国嘉丁拿土壤综合传感器

美国托罗土壤水分湿度传感器

美国WIKA压力传感器

图 6-6　高端传感器在农业中的应用

（2）推广普及农业物联网所需资金不足

物联网技术属于高新技术，无论前期铺设，还是后续的设备更新养护都耗资不菲。一套完整的农业物联网设备需要花费几万到数十万元，我国农产品单价较低，整体效益不强，个体农户受制于设备成本和经营规模问题，很少采用这项新技术，成本高、风险大、效益不明显问题有待破解。我国目前许多农业物联网项目都是政府示范工程，靠政府推动和相关项目资金的支持。

（3）农业物联网应用标准规范缺失

农业物联网是一个综合信息系统，场景复杂性、种类丰富性是其有别于其他行业物联网的独特之处。我国农业物联网涉及多种类型的数据监测，但是完备的农业物联网标准体系尚未建立，在产品设计、系统集成等方面没有统一的标准可循，限制了行业发展的整体速度。

6.2.3　协议特征

农业物联网针对农业领域应用的特点，出现了一些特别的协议。以下是一些常见的农业物联网协议。

① Z-Wave：是一种无线通信协议[10]，主要用于农业智能设备间的通信，如温度传感器、湿度传感器等。

② MQTT-SN（MQTT for Sensor Networks）：是一种针对传感器网络的 MQTT 协议[11]，主要用于农业物联网中大量的低功耗传感器节点之间的通信。

③ 6LoWPAN：是一种 IPv6 网络协议[12]，主要用于低带宽、低速率的农业物联网中的设备和传感器之间的通信。

④ LoRaWAN 协议[13]：是一种低功耗、长距离的无线通信协议，适用于农业物联网中低功耗设备之间的通信。该协议使用长距离射频技术，可以实现数千米甚至数十千米的通信距离。

⑤ ZigBee 协议[14]：是一种短距离、低功耗的无线通信协议，适用于农业物联网中设备之间的局域网通信。该协议使用低功耗的 IEEE 802.15.4 标准，可实现数十米到数百米的通信距离。

从上述几个协议可以总结出农业物联网协议特征主要包括以下几个方面。

① 低功耗：由于很多农业物联网设备需要长时间运行，因此协议需具备低功耗特性，以延长设备的电池寿命或减少能源消耗。

② 宽带宽：农业物联网涉及传输大量的数据，包括传感器数据、图像数据等，协议需提供足够的带宽来支持数据传输和处理。

③ 高可靠性：农业生产环境复杂且恶劣，协议需具备高可靠性，确保数据的可靠传输和设备的稳定运行，抵御干扰和故障。

④ 可扩展性：农业物联网通常涉及大量的设备和节点，协议需具备良好的可扩展性，能够支持大规模网络的连接和管理。

⑤ 快速响应：农业物联网中的一些应用场景需要实时响应，例如农田环境监测和养殖环境控制，协议需具备快速响应的特性，实现实时监测和控制。

⑥ 安全性：农业物联网涉及的数据和设备通常是敏感和关键的，协议需提供强大的安全机制，包括数据加密、身份认证和访问控制等，保护数据的机密性和完整性。

⑦ 互操作性：农业物联网应用场景涉及不同品牌和类型的设备，协议需具备良好的互操作性，能够实现不同设备之间的数据交换和协同工作。

⑧ 高效的网络利用率：农业物联网中设备和节点较多，协议需具备高效的网络利用率，减少不必要的通信开销和资源消耗。

农业物联网是一个综合、复杂的信息交互系统。这些协议特征旨在满足农业物联网应用的需求，提供可靠、高效和安全的通信和数据交互，提高农业生产效率和质量，降低成本和风险。

6.3 能源物联网

6.3.1 应用场景

能源物联网（Energy Internet of Things，EIoT）是将物联网技术应用于能源领域的一种创新方式，通过传感器、设备、网络和云计算等技术的连接和集成，实现能源生产、传输、分配和消费的智能化管理和优化。能源物联网是基于物联网技术实现能源领域的智能化、自动化、信息化的网络，它通过将能源设备、能源系统、能源服务与互联网连接起来，实现对能源的实时监测、分析和控制，以提高能源利用效率和降低能源成本[15]。经过多年的建设和发展，目前国内已经初步形成了一个"能源物联网生态圈"，如图 6-7 所示。

当前，能源物联网的一些应用场景如下。

① 智能电网：通过能源物联网技术，实时监测电网中的电力供需情况、负荷状况和设备状态等，实现电力供应的智能调度和优化，提高电网的可靠性和运行效率。

② 分布式能源管理：通过连接和集成分布式能源设备（如太阳能光伏、风力发电、储能系统等），能源物联网可以实现对分布式能源的监测、控制和管理，调整能源供应和消费的平衡，以提高能源利用效率和降低能源成本。

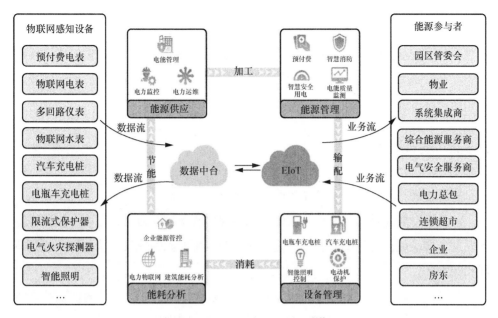

图 6-7　能源物联网生态圈[16]

③ 能源监测与节约：能源物联网通过传感器监测电力、水、气等能源的消耗和使用情况，提供实时数据和能源消耗分析，帮助用户识别高能耗设备和行为，并给出相关的节能建议，促使用户降低能源的浪费。

④ 智能电表和能源计量：能源物联网通过智能电表和传感器，实时监测和记录用户的能源使用情况，为电力公司提供准确的能源计量数据，方便能源计费和管理。

⑤ 智能家居与能源管理：能源物联网实现家庭内各种能源设备的智能联动和远程控制，提高能源的利用效率和家庭能源管理的便利性。

⑥ 能源安全和监控：能源物联网通过监测和控制关键能源设施的运行状态、安全风险等，提供实时的异常报警和监控，保障能源供应的稳定性和安全性。

⑦ 新能源车辆充电管理：能源物联网实现新能源汽车充电设备的远程监控和管理，包括充电桩的调度、用户充电信息的收集和账单管理等，提高充电效率和用户体验。

上述物联网技术的应用场景可以提高能源系统的效率、降低能源消耗、提高能源利用的可持续性，并为能源相关企业和用户提供更好的能源管理和服务支持。

总体来说，物联网在能源领域的应用场景非常广泛，未来随着物联网技术的不断发展，其应用前景也将越来越广阔。能源物联网通过云计算和大数据技术，建立智慧能源云平台，实现能源数据的汇集、分析和预测，为能源决策、能源市场交易和用户服务提供支持。

6.3.2 发展需求

能源物联网的发展需求主要包括以下几点。

一是推动能源结构的调整和优化。在能源物联网的助力下，可再生能源将得到发展，推动能源结构的调整和优化，减少对传统能源的依赖，从而降低能源消耗和碳排放。

二是实现能源的高效利用和节能减排。通过物联网技术，实现对能源系统的精细化管理和监测，提高能源利用效率，实现节能减排的目标。

三是促进智慧城市的建设。随着城市化进程的加速和可持续发展的追求，建设智慧城市成为全球发展的趋势。在智慧城市的建设中，能源物联网可应用于城市照明、交通、暖通、给排水等系统，提升城市基础设施管理和智能化水平。图 6-8 展示了一种能源物联网在智慧城市的应用。

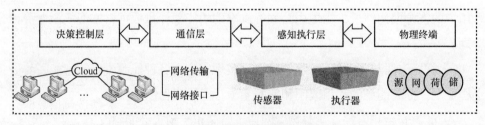

图 6-8　智慧城市与能源物联网[17]

四是提升能源产业的管理水平。通过物联网技术，实现能源产业的数字化、智能化管理，提高能源产业的管理水平和效率。

五是增强能源安全保障能力。能源安全一直是国家战略重点领域之一，能源物联网通过监测和控制关键能源设施的运行状态和安全风险，实现实时的异常报警和监控，保障能源供应的稳定性和安全性。

6.3.3　协议特征

能源物联网中常用的协议有以下几种，如图 6-9 所示。

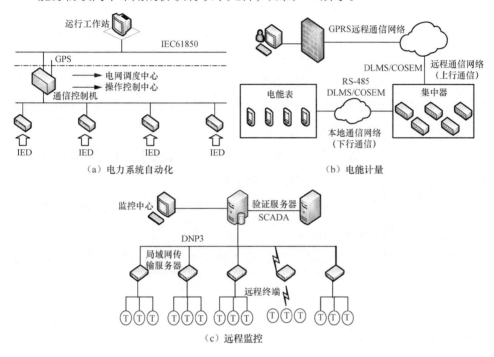

（a）电力系统自动化

（b）电能计量

（c）远程监控

图 6-9　能源物联网协议

IEC 61850[18]是为了满足电力系统自动化应用的通信协议，主要用于电力系统中的控制、保护和监测等方面。

DLMS/COSEM[19]是一种用于智能电能表和相关设备的通信协议，主要用于电能计量、控制和管理等方面。

DNP3[20]是一种远程监控和控制协议，主要用于能源系统中的远程监测和控制等方面。

能源物联网协议特征主要包括以下几个方面。

① 标准化：能源物联网的协议需具备标准化特征，以确保不同厂商和设备之间的兼容性，同时也便于推广和应用。

② 可扩展性：能源物联网通常涉及大规模的设备和节点，协议需具备良好的

143

扩展性，以支持自定义插件和扩展，可以根据不同的需求进行扩展和定制，并且适应不断增长、变化的设备及应用需求。

③ 数据安全性：能源物联网的协议需具备数据安全性特性，以保护数据的机密性、完整性和可用性，防止未经授权的访问和攻击。

④ 高效性：能源物联网中的协议大多采用了高效的二进制编码协议，可以有效地减少消息的传输大小，从而提高传输效率。

⑤ 低功耗：对于很多移动设备和嵌入式系统来说，电池寿命是一个关键的性能指标，并且能源物联网的一个初衷就是降低功耗。因此，能源物联网的协议同样需具备低功耗特性，以延长设备的使用寿命。

⑥ 灵活性：能源物联网的协议需具备灵活性，支持多种不同的数据格式、传输速率和应用场景，满足不同领域和实际应用的需求。

⑦ 低成本：能源物联网的部署规模较大，协议需具备低成本的特性，可降低设备和系统的部署和运维成本。

上述协议特征旨在满足能源物联网应用的需求，提供可靠、安全、高效的通信和数据交互。

6.4 交通物联网

6.4.1 应用场景

交通物联网（Transportation IoT）在物联网战略背景下提出。交通被认为是物联网所有应用场景中最有前景的应用之一。随着城市化的发展，交通问题越来越严重，而传统的解决方案已无法应对新的交通问题，因此，智能交通应运而生。智能交通将先进的信息技术、数据传输技术以及计算机处理技术等有效集成到交通运输管理体系中，使人、车和路能够紧密地配合，优化交通运输环境以提升资源使用效率。在物联网相关技术应用的背景下，交通物联网实现对交通工具全程追踪，保证运输的安全，推进城市交通的智能化管理，实现车辆自动获得更丰富的路况信息，实现自动驾驶等[21]。图 6-10 为交通物联网所涉及的技术以及应用场景。

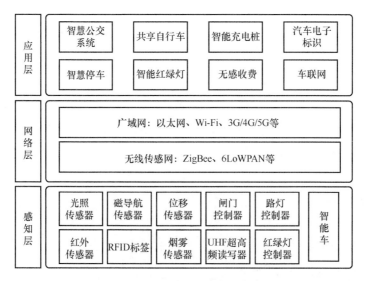

图 6-10　交通物联网应用场景

下面是一些常见的具体应用场景。

① 智能公交系统：交通物联网通过 RFID、传感器等技术，实时了解公交车的位置，实现弯道及路线提醒等功能。同时能结合公交的运行特点，通过智能调度系统，对线路、车辆进行规划调度，实现智能排班。

② 共享自行车：共享自行车通过配有 GPS 或 NB-IoT 模块的智能锁，将数据上传到交通物联网共享服务平台，实现车辆精准定位、实时掌控车辆运行状态等。

③ 车联网：车联网是目前最为热门的交通物联网之一，是各大汽车厂商主要研究的对象，利用先进的传感器、RFID 以及摄像机等设备，采集车辆周围的环境以及车自身的信息，将数据传输至车载系统，实时监控车辆运行状态，包括油耗、车速等。

④ 智能充电桩：采用传感器采集充电桩电量、状态以及充电桩位置等信息，将采集到的数据实时传输到数据平台，实现统一管理等功能。

⑤ 智能红绿灯：通过安装在路口的雷达装置，实时监测路口的行车数量、车距以及车速，同时监测行人的数量以及外界天气状况，动态地调控交通灯的信号，提高路口车辆通行率，减少交通信号灯的空放时间，提高道路的承载力。

⑥ 汽车电子标识：汽车电子标识，又叫电子车牌，利用 RFID 技术，自动地、非接触地完成车辆的识别与监控，将采集到的信息与交管系统连接，实现车辆的监管并解决交通肇事、逃逸等问题。

⑦ 智慧停车：在城市交通出行领域，由于停车资源有限，停车效率低下等问题，智慧停车应运而生。智慧停车以停车位资源为基础数据，通过安装地磁感应、摄像机等装置，实现车牌识别、车位的查找与预定以及自动支付等功能。

⑧ 无感收费：通过摄像机识别车牌信息，将车牌绑定至微信或者支付宝，根据行驶的里程，自动通过微信或者支付宝收取费用，实现无感收费，提高通行效率、缩短车辆等候时间等。

6.4.2　发展需求

交通物联网的发展需要满足以下几方面的需求。

（1）联网设备和基础设施

为实现交通物联网，需要建立一套完善的网络设备和基础设施，包括传感器、通信网络、数据存储和处理系统等。这些设施需要广泛部署在道路、车辆和交通设施上，以获取、传输和处理交通数据。图6-11展示了一种分布式交通物联网的基础结构模型。

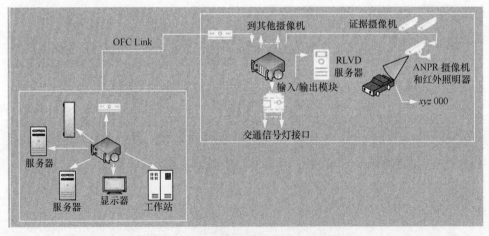

图6-11　分布式交通物联网基础结构模型[22]

（2）数据收集和共享

交通物联网需要大规模收集、整合和分析交通数据，包括道路交通流量、车辆位置和速度、停车位等信息。这些数据的实时性强、准确性高，需要建立高效的数据收集和共享机制，涵盖不同的交通参与方，例如交通管理部门、车辆制造商、智能导航系统等。

（3）数据安全和隐私保护

随着交通物联网数据的增加和共享，数据的安全性和隐私保护要提上日程。包括数据的加密和传输安全，以及合规的数据采集、存储以及处理措施。同时，需要建立适当的数据隐私保护政策和法规，确保交通参与者的个人和敏感信息得到合理的保护。

（4）智能算法和决策支持

交通物联网需要发展智能算法和决策支持系统，用于分析、预测和优化交通流量、路况和交通信号等。这些系统需要能够处理大规模数据，并运用机器学习和人工智能等技术，提供实时决策和交通管理建议。

（5）跨部门和跨地区合作

交通物联网的发展需要不同部门和地区的合作。交通管理部门、城市规划部门、车辆制造商和网络通信公司等需要加强合作，共同制定标准和规范，推动技术互操作和数据共享，以实现交通物联网系统的无缝连接和高效运作。

（6）用户接受和参与

用户接受和参与是交通物联网成功发展的重要因素。需要提供用户友好的应用和服务，让用户能够方便地获取交通信息、享受智能交通服务，并参与交通决策和反馈。用户参与可以促进交通系统的智能化发展。

总之，交通物联网的发展需求包括联网设备和基础设施、数据收集和共享、数据安全和隐私保护、智能算法和决策支持、跨部门和跨地区合作，以及用户接受和参与。在此基础上可以推动交通物联网的发展，实现更智能、高效和可持续的交通系统。

6.4.3　协议特征

交通物联网涉及多种设备和系统，因此需要使用多种不同的协议来实现数据的传输和处理。以下是一些常用的交通物联网协议。

OBD-II（On-Board Diagnostics II）[23]是一种针对汽车诊断和故障检测的协议，适用于车辆监测、维护和诊断等领域。

CAN（Controller Area Network）[24]是一种广泛应用于汽车领域的总线协议，适用于车辆控制、监测和通信等领域。

LIN（Local Interconnect Network）[25]是一种低速、短距离的串行通信协议，适用于车内控制系统、电动车辆等领域。

TCP/IP 是一种通用的网络协议，广泛应用于互联网、局域网和广域网等领域，适用于交通物联网中的数据传输和远程访问等场景。

HTTPS 是一种安全的 HTTP，适用于交通物联网中的数据加密、身份验证和防止攻击等领域。

交通物联网使用的协议特征主要包括以下几个方面。

交通物联网需要一套统一的通信协议，以实现不同设备、系统和平台之间的互联互通。这涉及协议的标准化和兼容性，使不同厂商和技术之间可以相互通信和集成，确保交通物联网的整体协同工作。

交通物联网通信协议需具备实时性，以便及时获取、传输和处理交通数据。实时性能确保交通物联网系统能够实时监测和响应交通状况，及时进行交通信号调整、路况提示等操作。

由于交通物联网涉及大规模的设备和数据交换，通信协议需具备高性能，包括高数据传输速率、低时延和高吞吐量。高性能能够满足大规模实时数据的处理和分发需求。

交通物联网协议需具备安全性，以保护通信数据的机密性、完整性和可用性。安全协议可以通过数据加密、身份验证、访问控制等技术手段，保护通信过程中的数据安全，防止数据泄露和攻击。

交通物联网涉及大量的设备和应用，因此通信协议需具备良好的扩展性，以支持快速增长的设备连接和大规模数据交换。支持扩展性可以保证交通物联网的可持续发展和未来的技术升级。

交通物联网设备包含移动设备和依靠电池供电的设备，通信协议需具备低功耗的特性，以延长设备的使用时间和减少能源消耗。

这些协议特征满足了交通物联网应用的需求和特点，确保交通设备、系统和平台之间能够有效地交换和处理数据，实现智能、高效和安全的交通运输。图 6-12 展示了交通物联网的各层协议。

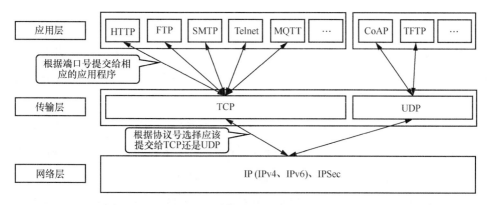

图 6-12　交通物联网协议体系

6.5　医疗物联网

6.5.1　应用场景

医疗物联网指将物联网技术应用于医疗领域,实现医疗设备、医疗环境和医疗服务的互联互通。医疗物联网是物联网技术与医疗行业的结合。在广义上,医疗物联网是对医院现有网络的整合,包括有线网络、无线网络、数字网络、移动通信网络、传感网络等,本质上是对现有网络的扩展和延伸。在狭义上,医疗物联网仅指与感知终端连接的传感网络[26]。

医疗物联网的实现方法是将智能感知设备,例如 RFID 标签、条形码、传感器、红外感应器等与医疗相关的对象(如医疗器械、人员、药品、生物制剂等)进行绑定。通过网络通信,这些设备被整合到医院的各类信息系统中,并接入医院的大型集成平台医院信息系统(HIS),实现对医疗对象的智能感知、数据收集、远程监控和信息共享等功能。医疗物联网在医院人员管理、物品管理、医疗护理、环境监测和信息管理等众多领域都有应用,优化了医院的传统服务方式,提升了医院的整体运行效率。

目前,物联网技术在医院的应用包括婴儿防盗、医疗器械定位、药品追踪、医疗废弃物追溯、医院人员和患者定位、智能输液、生命体征监控等多个方面。以下是医疗物联网的一些应用示例。

① 远程医疗：通过医疗物联网技术，患者在家庭环境中接受远程医疗诊断和监护，例如远程医疗咨询、远程诊断、远程手术指导等。患者的生理数据和病情信息通过传感器和设备实时收集并传输给医生，实现远程监测和远程诊疗。

② 医疗设备监控与管理：医疗物联网监控和管理医疗设备的运行状态和性能，实现设备远程监测、故障预警和维护管理。对于重要的医疗设备，通过物联网技术实现实时监控和报警，提高设备的可靠性和可用性。

③ 智能医院管理：医疗物联网应用于医院的管理和运营，例如，实时定位系统（RTLS）用于医院内人员和设备的定位和追踪，智能巡检机器人实现医院设施的自动巡检和巡逻，以提高医院的效率和安全性。

④ 个人健康管理：医疗物联网帮助个人进行健康管理，通过个人可穿戴设备和传感器，实时监测和收集生理数据（如心率、血压、血糖等），并自动上传到云端进行分析和管理。图 6-13 展示的是个人健康信息采集系统。

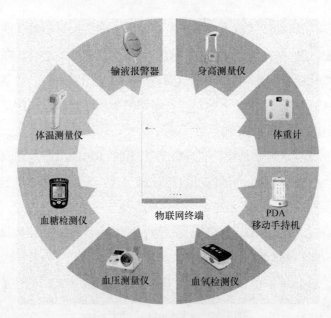

图 6-13　个人健康信息采集系统

⑤ 药物追踪和管理：医疗物联网应用于药物追踪和管理，通过 RFID 标签或传感器，实现药物的追踪和监管，减少错误用药和假药的发生。同时，互联网和

移动设备可以给患者提供关于药物用量、用法和副作用的提醒和信息。

⑥ 医疗环境监测：医疗物联网监测和管理医疗环境的温度、湿度、气体浓度等参数，提供良好的工作环境和舒适度，减少交叉感染风险，并能及时检测和报警，确保医疗环境的安全性。

⑦ 床位管理和排班优化：医疗物联网实现医院床位的管理和排班的优化，通过实时监测和分析床位的使用情况，帮助医院实现床位资源的合理配置和管理，提高医院的床位利用率和患者的就诊体验。

医疗物联网的应用场景包括智慧服务、智慧管理、智慧医疗等。

（1）智慧服务

通过医疗物联网能让就医患者非常方便地使用智慧停车、院内导航、智慧导诊、预约挂号、预约诊疗等智慧应用，明显改善挂号时间长、候诊时间长、取药时间长、就诊时间短等问题，提升患者就医体验。另外，各种智慧应用也可以提升医护效率，如输液监护系统能够监测输液滴速情况，并可在输液完毕时自动终止，帮助医护人员及时准确、高效地完成对患者输液监管的任务，节约医护人员对输液巡检和记录的工作时间，简化护理流程。对于特殊患者的监管，医院需要耗费大量人力资源去监护，以防止未经授权的患者进入特定区域或者出口。人员定位系统可以在患者遇到突发情况需要支援的时候，快速定位，让患者及时得到救助。

（2）智慧管理

通过医疗物联网，能够实现快速盘点医院资产，资产出入库等信息可通过医疗物联网快速录入资产管理系统，对于移动共享类设备，通过系统可对其一键定位，提升医院资产盘点效率和资产查找效率。对于大型医疗设备，可以监控设备的开关机时间、使用时长、电源、电流等信息，以便综合评估设备的使用率，给医院投资提供依据。

（3）智慧医疗

各大医院研究型病房可结合医疗物联网，逐步构建大数据处理系统，实现跨学科、跨部门、跨医院、跨系统的互联互通和信息共享，促进临床和科研数据的整合，不断探索利用人工智能等新技术完成临床试验不良事件的自动识别、合并用药漏报提醒、电子病历报告表的自动填写等，进一步提升医院信息化服务水平和服务质量。

通过物联网技术的应用，可以提高医疗服务的效率、降低成本、提升患者满意度，并为医疗领域带来更多创新和发展机遇。

6.5.2　发展需求

医疗物联网的发展需求主要包括以下几点。

（1）提高医疗效率

医疗物联网可以通过各种传感器和设备实时获取患者的医疗数据，使医生能够快速、准确地诊断和治疗疾病，从而极大地提高医疗效率。

（2）优化医疗流程

医疗物联网可以实现医疗设备的智能化和自动化，优化医疗流程，提高医疗服务的便利性和质量。例如，通过远程监控和诊断，可以在患者病情恶化之前及时采取措施，避免病情恶化。

（3）降低医疗成本

通过医疗物联网，可以实现对医疗资源的智能化管理，提高医疗资源的利用效率，降低医疗成本。例如，通过智能化的排班系统，可以避免医疗资源的浪费和不必要的成本。

（4）增强医疗安全

医疗物联网可以实现医疗数据的实时监控和共享，提高医疗服务的可靠性和安全性。例如，在紧急情况下，医生能够快速获取患者的医疗记录和数据，从而更好地应对紧急情况。

（5）满足患者的个性化需求

随着社会的发展，患者对医疗服务的需求越来越高。医疗物联网通过各种智能设备和传感器，为患者提供个性化的医疗服务，提高患者的满意度和治疗效果。

总的来说，医疗物联网的发展需求是为了提高医疗效率、优化医疗流程、降低医疗成本、增强医疗安全以及满足患者的个性化需求。通过医疗物联网的应用，推动医疗行业的数字化、智能化和现代化发展，提高医疗服务的质量和效率，最终建设一个智慧医院系统，所包含的大致板块如图 6-14 所示。

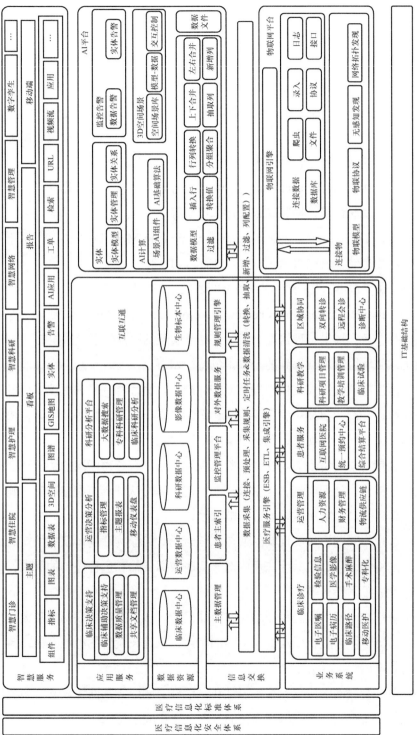

图 6-14　智慧医院系统

153

6.5.3 协议特征

一个完整的线上医疗体系一般涉及 3 个方面，包括医院系统、第三方系统以及数据平台交互系统。3 个系统相互对接，形成一个医疗物联网交互平台。

医疗物联网中的协议有着不同的特点和应用场景，但都为医疗物联网的发展提供了重要的支持。医疗物联网中使用的协议主要有以下几种。

HL7（Health Level Seven）协议[27]用于医疗信息系统间的数据交换，包括患者基本信息、就诊记录、检验结果、影像资料等。

DICOM（Digital Imaging and Communications in Medicine）协议[28]用于医学图像的传输和存储，例如 X 光片、CT 扫描、MRI 等。

IEEE 11073 协议[29]用于医疗设备之间的数据交换和通信。

FHIR（Fast Healthcare Interoperability Resources）协议[30]是一种新型的医疗信息交换标准，旨在提供一种快速、灵活、易于实现的医疗信息交换机制。

由上述常用协议总结得到的一些常见特征如下。

（1）医疗物联网协议支持数据交换和标准化。医疗物联网的协议支持各种类型的医疗数据交换，包括患者健康记录、医学图像、生理参数等。同时，协议也需要遵循相关的标准和规范，确保数据的一致性和互操作性。

（2）医疗物联网协议满足安全和隐私保护需求。医疗物联网的协议特征提供安全的数据传输和处理机制，包括数据的加密、身份认证、访问控制等，确保患者的隐私得到保护，防止数据泄露和被篡改。

（3）医疗物联网协议实现实时通信和低时延。医疗物联网协议支持实时通信和低时延的特性，以满足医疗应用中对于实时数据传输和远程控制的需求，如远程监护、远程手术指导等。

（4）医疗物联网协议满足低功耗和节能设计。由于医疗物联网涉及大量移动设备和传感器，协议具备低功耗和节能的特点，以延长设备的电池寿命，减少电池更换的频率。

（5）医疗物联网的协议具有扩展性和灵活性。医疗物联网协议支持多种通信协议和设备连接方式，并能够适应新的技术发展和应用需求。

（6）医疗物联网协议具有互操作性和兼容性。由于具有良好的互操作性和兼容性，医疗物联网协议能够使不同厂商的设备和系统之间进行数据交换和共享，促进医疗设备和系统之间的互联互通。

（7）医疗物联网协议包含数据压缩和优化过程。由于医疗数据通常具有较大的数据量，协议设计了数据压缩和优化机制，以减少数据传输的带宽需求和存储成本，提高数据的传输效率和速度。

（8）医疗物联网协议支持设备管理和维护。医疗物联网的协议特征具有支持设备管理和维护的功能，包括设备的监控、故障诊断、固件升级等，以保障设备的正常运行和性能优化。

这些特征综合起来，构成了医疗物联网协议的主要特征，以满足医疗领域的特定需求，保障医疗物联网系统的可靠性、安全性和高效性。

6.6　卫星物联网

6.6.1　应用场景

卫星物联网（Satellite Internet of Things，Satellite IoT）是指利用卫星通信技术实现物联网设备互联互通的一种方式。它可以覆盖广阔的区域，包括陆地、海洋和空中等，能够在没有传统地面通信基础设施的地区提供可靠的通信网络连接。一般物联网在工程项目中应用 2G、3G、4G 网络，但在特殊的区域，如在沙漠地区、海洋上或一些偏僻的无人区[31]，2G、3G、4G 网络信号不好或者没有时，就必须借助卫星通信将物联网终端采集的数据传回后台。

即使在世界上最偏远、最难以到达的地区，物联网也正被越来越多的人使用。使用卫星传输信号不用依赖蜂窝塔及其提供的覆盖范围，将给许多物联网行业带来显著的变革，并为许多物联网应用技术带来更快速的市场增长。卫星物联网市场的最新研究表明：以物联网为重点的卫星全球市场服务，专注于终端设备连接硬件和收取的年度连接费用预计在 2025 年将增长至 59 亿美元。到 2025 年，预计全球将部署约 3 030 万台卫星物联网设备，复合年增长率略低于 40%。很明显，卫星物联网将在未来几年给整个世界带来巨大的变化，尤其是物联网行业和卫星行业。以下是一些卫星物联网的应用场景。

① 农业监测与管理。卫星物联网可以监测农田的土壤湿度、气温等环境参数，实时采集农作物长势和灾害风险信息。结合物联网传感器，可以远程监控水利系统、灌溉设备和农业机械的工作状态，实现智能化的农业管理和决策支持。

② 海洋生态保护。卫星物联网可以监测海洋生态环境的变化，例如海水温度、盐度、浊度和海洋生物的分布等。通过所连接的各种传感器和设备，实时监测渔业资源、海洋污染和海上交通状况，并提供预警和保护措施，帮助维护海洋生态平衡。

③ 物流和供应链管理。卫星物联网可以提供物流和供应链的实时跟踪和监控。通过连接物联网设备和卫星通信，可以实时获取货物的位置、温度、湿度和运输状态等信息，提高供应链的可视化和效率，减少运输延误和损失，提供更准确的物流服务。

④ 环境监测与预警。卫星物联网可以监测大气环境、水质、地震、火灾等环境变化和自然灾害。通过连接各种传感器和监测设备，可以实时监测环境污染、气候变化和林火风险，并及时预警和采取应对措施，保护环境和人群安全。

⑤ 远程医疗和健康监测。卫星物联网可以支持远程医疗和健康监测。通过连接医疗设备和传感器，实时监测患者的生命体征、疾病情况和医疗设备的使用状态等，提供远程诊断、治疗和紧急救援的支持，改善医疗服务的可及性和效率。

⑥ 智慧城市管理。卫星物联网可以支持智慧城市管理，包括交通流量监测、路灯控制、垃圾管理、公共安全等。通过连接传感器和智能设备，实时监测和调整城市各种基础设施和公共服务，提高城市运行效率和居民生活质量。

⑦ 全球无线通信。卫星物联网为偏远地区的设备提供无线覆盖，例如森林、海洋、山脉和沙漠。这些领域中的大多数设备执行传感、监测和控制任务，无须执行语音通信。换句话说，卫星物联网主要提供机器类型通信服务，这与传统的以人为中心的通信服务非常不同。

⑧ 工程应用。卫星物联网能够实现偏远地区土木工程项目的远程监控。卫星物联网在该行业的应用将主要由发展中经济体推动。

⑨ 海运应用。卫星物联网能够全程跟踪海上船舶和集装箱，提高货运效率。

根据麦肯锡的分析[32]，卫星物联网技术在集装箱管理领域的深入应用将极大促进经济增长。预计到 2025 年，通过提高集装箱跟踪和管理效率，这一市场的总价值有望达到约 300 亿美元。

⑩ 能源应用。这是卫星物联网正在展开的新应用。它是能源供应链中的关键环节，使天然气、石油和风力发电的动态监控成为现实。这种监控不仅提高了资源管理的效率，而且能够优化市场操作，带来更高的投资效益。

6.6.2　发展需求

卫星物联网的发展目标是实现全球范围内物联网设备间的连接和通信，为各种应用场景提供广泛的物联网服务。因此，卫星物联网的发展需要满足以下几个关键需求。

（1）实现卫星物联网与卫星互联网的协同发展

卫星物联网的应用环境高度契合卫星互联网[32]。目前，卫星物联网采用两种网络结构，即卫星与传感器互联，实现直接数据采集；卫星与传感器基站节点相连，通过基站采集传感器数据。这种紧密的协同将使卫星互联网成为卫星物联网传输层的重要支持手段。

（2）高低轨联合提供卫星物联网

近年来，低成本的低地球轨道（LEO）物联网星座引起了地球静止轨道（GEO）运营商的广泛关注，他们纷纷加大战略投资，积极推动低轨道领域星座的发展。这一趋势表明，高低轨道运营商之间的合作将成为卫星物联网行业的关键，有望共同打造立体式的物联网服务模式[32]，为该行业带来创新的解决方案。

（3）实现卫星物联网与地面物联网的优势互补

卫星物联网在与地面物联网的协同发展中扮演着至关重要的角色，类似于天基互联网与地面互联网之间的关系。卫星物联网首先被视为地面物联网的重要补充，为地面物联网系统提供了稳定的接入服务。这一服务在那些地面物联网难以覆盖的区域，如偏远地区、航空和航海领域等特殊应用场景中显得尤为关键。此外，卫星还具备在地面通信系统基础设施受损时提供临时性通信服务的能力，以确保地面物联网系统能够持续稳定运行。

（4）推动卫星物联网的跨领域合作

未来的物联网将是一个高度集成无线传感技术、通信技术、云计算、大数据、人工智能等多个领域技术的系统工程。在这个复杂的技术生态系统中，很难为企业找到能够在每个领域都有效的物联网解决方案。随着物联网产业链的持续完善和扩展，跨领域技术合作模式将在卫星物联网市场中进一步深化。例如，在石油、天然气等能源领域，可以利用卫星物联网实现远程监控、设备管理、资源调度等，提高能源行业的管理效率和安全性；在公共安全领域，可以利用卫星物联网实现灾害预警、应急救援等，提高应急管理的效率和准确性。因此，卫星物联网需要不断优化技术，提升应用能力，满足各个领域的需求。

（5）卫星物联网应不断细化并向智能化转型

传统的卫星运营商在 20 世纪初已经开始为用户提供类似物联网的服务[32]，涵盖了资产跟踪等领域，应用在航空、航海、沙漠等极端环境中。然而，随着时间的推移，用户终端设备变得更加小型化，无线传感技术智能化程度提高，同时应用场景也变得更加多样化。这使卫星物联网的应用范围不断扩展，涵盖了精准农业、智能工业、智慧牧业等新兴领域。与此同时，新兴技术的快速发展也推动着地面物联网产业的不断扩展。

（6）提高应用效率

在卫星物联网中，卫星作为信息传输的重要节点，可以覆盖全球范围内的数据传输和通信需求，但其效率和稳定性也成为制约其发展的瓶颈。为了提高应用效率，需要不断推进卫星物联网技术的创新和优化，包括卫星地面站建设、天线技术改进、信号处理技术等。例如，近年来，美国 SpaceX 公司的星链卫星网络通过大规模卫星发射、低轨卫星技术、多光束天线技术等创新技术，使卫星通信速度和可靠性得到了大幅提升，提高了卫星物联网的应用效率和性价比[33]。

（7）完善技术体系

卫星物联网完善技术体系的发展需求包括以下几个方面。

① 新型卫星技术。卫星物联网的发展需要更加先进的卫星技术支持，这需要研发新型卫星技术，例如高通量卫星技术、卫星网络技术等，以提高卫星通信带宽和传输速度，保证卫星物联网的稳定性和可靠性。

② 高精度卫星定位技术。卫星物联网的很多应用需要高精度的卫星定位技

术，例如车辆定位、船舶定位等。

③ 安全保障技术。卫星物联网中的数据传输和通信需要进行加密和保障，以保证数据的安全性。因此，需要完善卫星物联网的安全保障技术，如加密算法、安全认证等，以防出现数据泄露和黑客攻击等安全问题。

④ 卫星遥感技术。卫星遥感技术是卫星物联网的一个重要应用领域，如气象预报、农业监测等。

⑤ 卫星物联网标准和规范。卫星物联网涉及多个领域和行业，因此需要建立统一的标准和规范，以保证各个子系统之间的兼容性和协同工作。

6.6.3　协议特征

卫星物联网主要使用以下协议进行数据传输。

CCSDS（Consultative Committee for Space Data Systems）协议是由国际航天标准化组织（ISO）制定的一组通信协议[34]，用于在卫星通信中实现数据交换和通信控制。该协议具有良好的可靠性和兼容性。

AX.25（Amateur X.25）协议[35]是一种广泛用于业余无线电通信的协议，也被用于一些小型卫星通信。该协议使用简单、灵活，适用于低速数据传输。

卫星物联网协议的主要特征如下。

① 高效的协议设计。卫星物联网设计高效的协议来处理海量的设备连接和通信。协议具备低功耗、低开销和高吞吐量等特点，以确保在有限的卫星资源下能够有效地传输和处理数据。

② 支持全球覆盖。卫星物联网支持全球范围内的物联设备连接和通信。因此，协议具备良好的跨地区和跨运营商的互操作性，能够在不同地理位置和网络环境下进行无缝的连接和通信。

③ 安全和隐私保护。卫星物联网的协议具备严格的安全机制和隐私保护措施，保护设备和数据的安全性和完整性。协议支持数据加密、身份认证、访问控制等安全功能，防止未经授权的访问和数据泄露。

④ 灵活的网络拓扑。卫星物联网的网络拓扑比较灵活，可以包括星型、网状、多跳等不同形式。因此，协议支持不同的网络拓扑结构，并能够自动适应和配置

网络连接。

⑤ 资源管理和调度。卫星物联网面临有限的卫星资源，并需要合理管理和调度这些资源。协议具备资源管理和调度的功能，以确保资源的高效利用和均衡分配。

⑥ 支持设备多样性。卫星物联网连接的设备类型和规模多样，包括传感器、终端设备、移动设备等。协议支持不同类型的设备连接和通信，保证设备的互操作性和兼容性。

⑦ 低功耗和节能性。卫星物联网设备通常在广阔区域内部署，而且很多场景下是移动设备。因此，协议需考虑设备的低功耗和节能性，以延长设备的电池寿命和使用时间。

在卫星物联网协议的开发过程中考虑协议特征的一些重要方面，通过合适的协议设计和优化，可以确保卫星物联网能够提供全球范围内的连接和通信服务，并满足不同应用场景的需求。

参考文献

[1] 嵇绍国, 王宏. 工业物联网及工业大数据安全探讨[J]. 自动化博览, 2021, 38(1): 10-14.

[2] 佚名. 工业互联网领域 9 本白皮书发布[J]. 工业控制计算机, 2020, 33(4): 150.

[3] 唐明明. 工业物联网技术在智能制造中的应用[J]. 电子技术, 2023, 52(9): 378-379.

[4] HILLAR G C. MQTT Essentials-A lightweight IoT protocol[M]. California: Packt Publishing Ltd, 2017.

[5] SHELBY Z, HARTKE K, BORMANN C. The constrained application protocol (CoAP)[R]. 2014.

[6] CAVALIERI S, CHIACCHIO F. Analysis of OPC UA performances[J]. Computer Standards & Interfaces, 2013, 36(1): 165-177.

[7] THOMAS G. Introduction to the modbus protocol[J]. The Extension, 2008, 9(4): 1-4.

[8] 李道亮, 杨昊. 农业物联网技术研究进展与发展趋势分析[J]. 农业机械学报, 2018, 49(1): 1-20.

[9] 周吟. 物联网下的智慧农业应用与产业升级[C]//中国建筑文化研究会. 2018 第八届艾景国际园林景观规划设计大会优秀论文集. 重庆: 重庆大学艺术学院, 2018: 7.

[10] ROHINI S, VENKATASUBRAMANIAN K. Z-Wave based zoning sensor for smart thermostats[J]. Indian J Sci Technol, 2015, 8(20): 1-6.

[11] SANTOS R P, LEITHARDT V R Q, BEKO M. Analysis of MQTT-SN and LWM2M communication protocols for precision agriculture IoT devices[C]//2022 17th Iberian Conference on Information Systems and Technologies (CISTI). Piscataway: IEEE Press, 2022: 1-6.

[12] KIM C H, KIM I H, CHA J W, et al. Low-power 6LoWPAN protocol design[J]. Journal of the Institute of Convergence Signal Processing, 2011, 12(4): 274-280.

[13] HAXHIBEQIRI J, POORTER E, MOERMAN I, et al. A survey of LoRaWAN for IoT: from technology to application[J]. Sensors, 2018, 18(11): 3995.

[14] ERGEN S C. ZigBee/IEEE 802.15. 4 Summary[J]. UC Berkeley, 2004, 10(17): 11.

[15] TERROSO-SAENZ F, GONZÁLEZ-VIDAL A, RAMALLO-GONZÁLEZ A P, et al. An open IoT platform for the management and analysis of energy data[J]. Future Generation Computer Systems, 2019, 92: 1066-1079.

[16] 张小莉, 何艳. 基于物联网技术的能源数据服务平台[J]. 电气传动自动化, 2023, 45(2): 59-63.

[17] 黄丽, 朱婷, 林诗琦. "绿政"视角: 硅谷新一轮创新的思考与实践[J]. 世界地理研究, 2019, 28(6): 211-219.

[18] REDA H T, RAY B, PEIDAEE P, et al. Vulnerability and impact analysis of the iec 61850 goose protocol in the smart grid[J]. Sensors, 2021, 21(4): 1554.

[19] HERSENT O, BOSWARTHICK D, ELLOUMI O. DLMS/COSEM[R]. 2012.

[20] LU X, LU Z, WANG W, et al. On network performance evaluation toward the smart grid: a case study of DNP3 over TCP/IP[C]//2011 IEEE Global Telecommunications Conference-GLOBECOM 2011. Piscataway: IEEE Press, 2011: 1-6.

[21] 廉珊, 陈文华. 基于物联网的智慧交通系统研究[C]//中国自动化学会, 济南市人民政府. 2017 中国自动化大会（CAC2017）暨国际智能制造创新大会（CIMIC2017）论文集. 曲阜: 曲阜师范大学, 2017: 6.

[22] 赖宏图, 朱铨, 蒋新华等. 交通物联网的系统结构与技术体系[J]. 福建工程学院学报, 2015, 13(1): 31-36.

[23] RIMPAS D, PAPADAKIS A, SAMARAKOU M. OBD-II sensor diagnostics for monitoring vehicle operation and consumption[J]. Energy Reports, 2020(6): 55-63.

[24] TAYLOR A, JAPKOWICZ N, LEBLANC S. Frequency-based anomaly detection for the automotive CAN bus[C]//2015 World Congress on Industrial Control Systems Security (WCICSS). Piscataway: IEEE Press, 2015: 45-49.

[25] LIN J C, PAUL S. RMTP: A reliable multicast transport protocol[C]//Proceedings of IEEE INFOCOM'96. Conference on Computer Communications. Piscataway: IEEE Press, 1996(3): 1414-1424.

[26] UGRENOVIC D, GARDASEVIC G. CoAP protocol for Web-based monitoring in IoT

healthcare applications[C]//2015 23rd Telecommunications Forum Telfor (TELFOR). Piscataway: IEEE Press, 2015: 79-82.

[27] SEVEN H L. An application protocol for electronic data exchange in health care environments: ISO/HL7 27931; 2009[S]. [2014-01-14].

[28] VOSSBERG M, TOLXDORFF T, KREFTING D. DICOM image communication in globus-based medical grids[J]. IEEE Transactions on Information Technology in Biomedicine, 2008, 12(2): 145-153.

[29] SCHMITT L, FALCK T, WARTENA F, et al. Novel ISO/IEEE 11073 standards for personal telehealth systems interoperability[C]//2007 Joint Workshop on High Confidence Medical Devices, Software, and Systems and Medical Device Plug-and-Play Interoperability (HCMDSS-MDPnP 2007). Piscataway: IEEE Press, 2007: 146-148.

[30] SARIPALLE R K. Fast health interoperability resources (FHIR): current status in the healthcare system[J]. International Journal of E-Health and Medical Communications (IJEHMC), 2019, 10(1): 76-93.

[31] 陈晓明, 徐兆斌, 尚琳. 卫星物联网: 挑战、方案和发展趋势[J], 2023, 24(7): 935-945.

[32] 纪凡策, 李博, 周一鸣. 卫星物联网发展态势分析[J]. 国际太空, 2020(3): 7.

[33] MCDOWELL J C. The low earth orbit satellite population and impacts of the SpaceX Starlink constellation[J]. The Astrophysical Journal Letters, 2020, 892(2): 36.

[34] GARCIA-VILCHEZ F, SERRA-SAGRISTA J. Extending the CCSDS recommendation for image data compression for remote sensing scenarios[J]. IEEE Transactions on Geoscience and Remote Sensing, 2009, 47(10): 3431-3445.

[35] GUPTA R, KAMAL R, SUMAN, U. Q-DWSO: hybrid approach for QoS-aware dynamic web services orchestration[J]. International Journal of Web Engineering and Technology, 2018, 13(1): 30-55.

第 7 章

物联网智能服务

7.1 物联网数据特征与处理

7.1.1 数据特征

物联网作为连接各种物理设备和传感器的网络，会产生大量的数据，这些数据主要具有以下特征。

（1）大规模和高速度

物联网设备生成的数据量庞大且以极高的速度增长。从传感器、监测设备到智慧城市基础设施，各种物联网节点不断地产生数据，这使处理和分析这些数据变得具有挑战性，需要强大的计算和存储能力。

（2）多样性和异构性

物联网涵盖了广泛的应用领域，涉及各种类型的设备和传感器。这些设备和传感器的数据具有多样性和异构性，包括结构化数据（如传感器读数和设备状态）和非结构化数据（如图像、视频和文本）。因此，物联网数据存在数据类型、格式和内容的多样性。

（3）实时性和时序性

物联网数据通常需要实时处理和分析，以支持即时决策和响应。很多物联网应用，如智能交通、工业自动化和健康监测，需要对数据进行实时监控和反馈。同时，物联网数据还具有时序性，即数据的顺序和时间戳对于分析和应用非常重要。

（4）高维度和关联性

物联网应用所采集的数据往往具有多维度特征并相互关联。通过收集和分析多个传感器和设备的数据，才能获得更全面和准确的信息。例如，结合环境传感器、人员定位和天气数据，可以实现智能能源管理和舒适度控制。

（5）隐私和安全性

物联网数据涉及大量的敏感信息，因此隐私和安全性成为重要问题。物联网智能服务需要采取适当的安全措施，包括数据加密、身份认证和访问控制，以保护用户的隐私和防止潜在的安全威胁。

了解物联网数据的特征对于设计和实施物联网智能服务至关重要。这些特征可对选择适当的数据处理、分析和应用方法提供指导，以实现对物联网数据的价值提取和实时决策支持。同时，隐私保护和安全性是构建可信赖的物联网智能服务需要考虑的重要因素。

7.1.2　数据处理

为了理解物联网传感器收集的大量数据，需要对其搜集的数据进行处理，图7-1展示了物联网的数据处理过程。数据处理是对数据的采集、存储、检索、加工、变换和传输过程，目的是将原始数据转换为有用的信息。其中，数据是数字、符号、字母和各种文字的集合，数据处理的输出是信息，并以不同的形式呈现，例如纯文本文件、电子表格、图像。

数据处理过程通常使用3个基本阶段组成的循环：输入、处理和输出。

输入：输入是数据处理周期的第一阶段，是一个将收集到的数据转换成机器可读形式以便计算机处理的阶段。

处理：处理是计算机将原始数据转换成信息的阶段，通过采用不同的数据操作技术来执行转换。

输出：输出是数据处理过程的最后阶段，将处理后的数据转换为人类可读的形式，并作为有用信息呈现给最终用户的阶段。

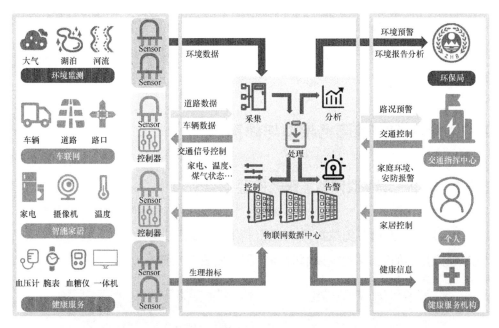

图 7-1　物联网的数据处理过程

从信息处理的视角来看，物联网的数据处理可被细分为以下 3 个层次。

首先，底层处理涉及特定区域内的协作感知。区域内不同种类的传感器为共同的感知目标工作，从而收集到多维丰富的感知数据。通过这些局部区域内信息的处理与整合，能够得到高精度且可靠的感知结果。

其次，在数据的传输阶段，对无线网络状况下传输的感知信息进行进一步的集合与融合处理，包括自适应的传输链路状态编码，以及传输协议的优化，使大量信息能够高效、可靠且安全地被传输。

最后，物联网应用层实现多种应用的共性支持、服务决策和协调控制。由于物联网信息大规模、海量的特性，因此必须利用这些感知信息在时间和空间上的相关特性，实现在不同空间区域的多级存储与检索，以此来提升资源的使用效率和信息获取的速度。

数据处理领域采用的主要方法有层次化处理与维度缩减两类。层次化处理旨在减少系统工作量；维度缩减则着重于减少数据体积。物联网数据处理涉及数据整合、过滤、集合和处理等多种功能，需要设计可处理多层数据的嵌入式中间件系统，提高大型应用系统的整体工作效率[1]。

降维算法主要分为两类：线性和非线性。降维的核心是寻找一种从高维空间到低维空间的投影变换。当前，一种被称为"最小量嵌入"的算法在保持局部等距和角度不变的约束条件下，能够有效地展示数据内在的流形结构[1]。

7.2 物联网智能服务模型与体系

7.2.1 传统三层物联网智能服务模型

近年来，面向服务的技术开始应用于物联网服务结构，逐渐形成了感知层-传输层-应用层的三层物联网智能服务模型，如图 7-2 所示。

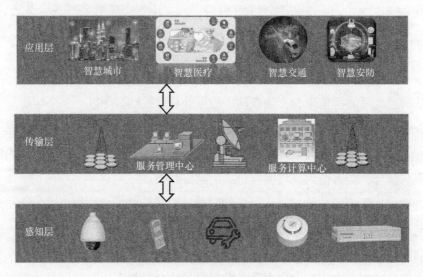

图 7-2　三层物联网智能服务模型

在物联网中，感知层的作用类似于人的感觉器官，主要负责识别各种物体并收集信息。这一层由两部分构成：信息采集子层和通信子网。信息采集子层通过如 RFID、传感器、二维码和智能装置等获取数据。通信子网则利用通信模块及扩展网络，与传输层中的网关交换信息。扩展网络涵盖了传感网络、无线个人区域网（WPAN）、家庭网络、工业总线等。感知层的主要元素有传感器和传感网关，传感器往往集成了二维码、RFID、温/湿度传感器、光学摄像机、GPS、生物识别等多种感知技术。在感知层内，感知设备形成局域网络，这些设备通过协作可以感知周边环境或自身状况，并对收集到的数据进行初步处理和分析。依据设定的规则，这些设备能够主动响应并通过各种方式接入网络，将处理后的数据传递到传输层[2]。

传输层的作用类似于人类的大脑和中枢神经系统，负责处理感知层收集的信息。目前的传输层主要包括互联网、网络管理系统、计算平台以及多种异构和私有网络。这一层由各类无线和有线网关、接入网络和核心网络构成，实现感知层数据与控制信息的双向传输、路由和控制。接入网络包含多种设备，如接入设备（AD）、光线路终端（OLT）、数字用户线接入复用器（DSLAM）、交换机、射频接入单元、2G/3G 蜂窝移动接入、卫星接入等。核心网络则涵盖了光纤传输网、IP 承载网、下一代网络（NGN）、下一代互联网（NGI）、下一代广电网（NGB）等，也包括公众电信网和互联网，还能依托特定行业或企业的专用网络。传输层不仅传输大量感知数据，还能进行信息融合等处理[2]。

应用层在物联网体系中扮演连接物联网与用户（包括个人、组织和其他系统）之间桥梁的角色。根据不同用户和行业需求，提供管理和运行平台，同时结合行业专业知识和业务模型，实现精准高效的智能信息管理。应用层通常包含应用支持子层和数据智能处理子层，以及各类特定的物联网应用。应用支持子层为物联网应用提供通用支持服务和功能调用接口，确保应用稳定运行。在物联网开发中，数据智能处理子层发挥着关键作用，以数据为中心，涵盖数据汇集、存储、查询、分析、挖掘、理解及基于感知数据的决策和行动等理论和技术。数据汇集不仅涉及实时和非实时物联网业务数据，还包括将这些数据集中存储在数据库中，便于后续的数据挖掘、专家分析、决策支持和智能处理。

该结构促进了数据的互联与共享，建立了标准化服务接口，将上层应用与下层设备解耦，降低系统重叠性，提升代码复用性，缩短应用部署和开发周期。目前已经提出基于面向服务的体系结构（SOA）的物联网交互平台统一标准服务接口，解决三层体系结构的互联互通问题。物联网 SOA 的优点包括更易处理跨平台、跨语言的异构环境和将系统功能分解为可重用服务，提高软件系统的适应性和效率[3]。

7.2.2　标准四层物联网智能服务模型

四层物联网智能服务模型比三层物联网智能服务模型多了一个平台层，可以认为四层模型中的平台层和应用层就是三层模型中的应用层。

（1）感知层

感知层在物联网中起着重要的作用，承担着采集物理世界数据的任务，作为人类与物理世界之间的关键桥梁。感知层的数据来源可以分为以下两种类型。

自动搜集生成信息：这种方法主要利用传感器、信息搜集装置等主动记录或与目标物体互动，以取得数据，可满足实时性较高的应用。例如，在智能供水领域，使用流量传感器可以实时记录用户的喝水量，每当用户喝水时，流量传感器会立即采集并记录本次的喝水量，实现一个长期的交互数据采集过程。

被动接收外部指令并保留信息：这种方式包括射频识别（RFID）、IC 卡识别技术，以及条形码、二维码等技术。该方式操作过程是提前将信息录入，然后等待被读取。例如，一些小区使用的门禁卡就采用 IC 卡识别技术，首先将用户信息录入中央处理系统，然后用户每次进门时只需要刷卡即可。

感知层通过这些方式从物理世界获取数据，并将其传递给上层进行处理和应用。这样，人类可以通过感知层与物理世界进行交流和互动，实现各种物联网应用的需求。

（2）网络层

网络层在物联网中扮演着传输信息的重要角色，它负责将感知层采集到的数据传送到指定的目的地。网络层涉及选择适当的通信网络和通信机制，以便有效传输信息。

物联网中的"网"一词实际上包含两个部分：接入网和互联网。过去的互联网只连接了人与人之间的信息交流，但并没有实现人与物或物与物之间的交互，因为物体本身没有网络连接能力。后来，设备接入网技术的发展实现了将物体连接到网络的能力，通过设备接入网络，可以将物体与互联网连接起来，实现人与物体、物体与物体之间的信息交互。这极大地增加了信息互通的范围，更有利于应用大数据、云计算、人工智能等先进技术，丰富物理世界和人类世界之间的互动体验。

（3）平台层

平台层是连接和管理物联网设备的关键层，提供安全可靠的通信连接能力，并支持设备管理、安全管理、消息通信、监控运维和数据应用等功能，为物联网应用的开发和运行提供全面的支持。

（4）应用层

应用层是物联网的终极目标，它的主要职责是处理设备端收集的数据，并为各种行业提供智能服务。

目前物联网广泛应用于各行各业，如电力、物流、环保、农业、工业、城市管理和家居生活等。在物联网服务中，主要存在以下 4 种类型。

监控型：例如物流监控和污染监控，通过收集设备数据进行实时监测和监控。

控制型：例如智能交通和智能家居，通过物联网技术实现对设备的远程控制和管理。

扫描型：利用物联网技术实现快速扫描和识别，提供便捷的服务和支付方式，例如手机钱包和高速公路不停车收费。

查询型：通过物联网连接设备和系统，实现远程查询和数据检索，例如远程抄表和智能检索。

应用层结构主要由 3 个部分构成：业务处理、数据库和客户端。

业务处理作为物联网应用的中心，负责对大量数据的集成和分析处理。由于不同行业的终端应用者都面临数据处理的挑战，市场上出现了各种中间件，如云计算、数据挖掘、人工智能和信息融合等，以支持物联网应用的繁荣发展。

数据库用于存储设备、用户、业务和其他相关数据。它提供数据的持久化和快速检索，以支持应用层的数据管理和查询。

客户端涉及与终端用户的交互，因此需要进行客户端应用的开发，以提供友好的用户界面和体验。

通过应用层的处理、数据库的存储和客户端的交互，物联网能够为不同行业提供智能化的服务，并推动物联网应用行业的繁荣发展。

7.2.3 基于泛在传感器网络的五层智能服务模型

ITU-T 在 Y.2002 建议中提出了五层体系结构，也被称为泛在传感器网络，基于泛在传感器网络的五层智能服务模型如图 7-3 所示，物联网可以被分为以下 5 个层级。

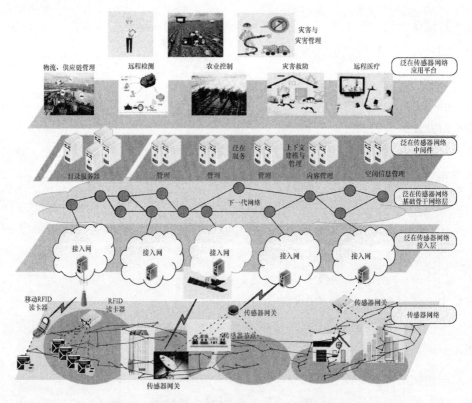

图 7-3　基于泛在传感器网络的五层智能服务模型

（1）传感器网络

该层是物联网的最底层，包括各种传感器、执行器和控制节点等设备。这些设备负责采集环境数据，并将其转化为数字信号。

（2）泛在传感器网络接入层

这一层作为底层传感器网络与上层网络的连接点，可以采用各种通信技术，包括无线传感器网络、有线网络或移动网络等。接入网的主要职责是传输底层传感器网络收集的数据。

（3）泛在传感器网络基础骨干网络层

这一层作为连接多个泛在传感器网络接入网的网络骨架，提供了高带宽和稳定的连接，用于数据的汇总和传送。

（4）泛在传感器网络中间件

该层提供数据处理、存储和管理的功能。它可以对传感器数据进行过滤、聚合和处理，并将其传递给上层应用平台。

（5）泛在传感器网络应用平台

该层是物联网的最顶层，提供各种应用和服务。它可以是基于云平台的数据分析和应用，也可以是针对特定行业或领域的应用平台，用于实现智能化的监控、控制和管理等功能。

通过基于泛在传感器网络的五层智能服务模型，物联网实现了从底层传感器网络到应用平台的端到端数据传输和处理，为各行各业的应用提供了基础结构和平台。这种体系结构使物联网能够广泛应用于各个领域，实现智能化的数据采集、分析和应用。

7.2.4　通用物联网智能服务模型

物联网智能服务模型是基于物联网数据和分析结果构建的模型，用于实现智能化的决策和服务。这些模型可以应用于各个领域，如智慧城市、智能交通、工业自动化和健康监测。以下是一些常见的物联网智能服务模型。

（1）预测模型

预测模型基于历史数据和趋势分析，用于预测未来事件和行为。例如，通过分析气象数据、交通流量和城市规划信息，建立智能交通预测模型，预测交通拥堵情况和最佳路径规划。

（2）异常检测模型

异常检测模型用于监测和识别物联网数据中的异常情况。通过学习正常模式和行为规律，检测数据中的异常事件，并触发相应的预警或响应机制。例如，在工业自动化中，可以建立基于传感器数据的异常检测模型，实时监测设备状态和故障情况。

（3）优化模型

优化模型旨在通过数学建模和优化算法，实现资源的最优分配和利用。在物联网环境中，可以将优化模型应用于能源管理、物流调度和供应链优化等场景。通过分析实时数据和环境条件，优化模型可以提供最佳的决策和调度策略，以实现资源的高效利用和成本的最小化。

（4）决策支持模型

决策支持模型基于物联网数据和分析结果，为决策者提供实时的信息和决策支持。这些模型采用规则引擎、机器学习和推荐系统等技术，根据实时数据和用户需求，提供个性化的决策建议和推荐。例如，在智能家居中，可以基于用户的偏好和环境条件，建立决策支持模型，为用户提供智能化的家居控制和管理。

（5）自适应学习模型

自适应学习模型具有自我学习和适应能力，根据环境和数据的变化进行模型更新和调整。这些模型可以通过监督学习、强化学习和深度学习等技术实现，能够从物联网数据中不断学习和改进，适应不断变化的环境和需求。例如，在智能能源管理中，可以建立自适应学习模型，根据用户的能源使用模式和反馈信息，优化能源调度和节能策略。

物联网智能服务模型是将物联网数据转化为实际智能决策和服务的关键组成部分。通过建立适当的模型和算法，实现对物联网数据的深入分析和智能化应用，为用户提供个性化、高效和智能化的服务体验。基于物联网智能服务模型的业务开发流程如图 7-4 所示。

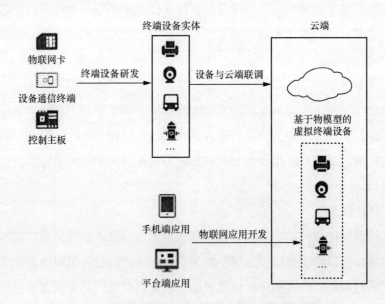

图 7-4　基于物联网智能服务模型的业务开发流程

7.2.5　云边端协同 AIoT 智能服务模型

在 AIoT 的发展过程中，智能计算从云端向边缘层迁移，为用户在可穿戴设备、移动设备、嵌入式设备上提供更安全、更便捷的服务。由于现实世界的动态性和复杂性，传统"云端训练，边端应用"的模式已不能满足需求，可能导致性能下降。一方面，云端无法完全覆盖所有边缘设备的数据分布，导致不同边缘环境下——例如光照、遮挡、目标尺寸、成像清晰度等因素变化时，静态的边端模型性能无法达到预期；另一方面，边端设备的资源（如电量、存储空间）和应用需求（如能耗、响应时间、精度）也在不断变化，静态部署可能会导致资源浪费或过度消耗。

在 AIoT 应用领域中，核心是高效的智能信息处理和实时数据管理。随着边缘计算与边缘智能技术的引入，形成了一个以云计算、边缘计算和端点设备协同工作的 AIoT 体系结构。该体系分为 3 个层次：智能终端层、边缘智能层和云计算层。

智能终端层由各种物联网设备（如机器人、无人机、智能车辆、移动/可穿戴设备等）构成，作为 AIoT 的感知和响应单元，通过控制系统，这些设备能完成音/视频、定位、压力、温/湿度等多模态数据的采集，以及执行移动、抓取、跟踪等动作。随着 AI 技术的融入，智能物联网控制系统更加注重设备多样性和控制智能化。在复杂环境中，智能化的数据采集和分析能够优化整个系统，提升智能控制的效率，节省人力物力，降低成本。与传统物联网的感知层不同，AIoT 智能终端层还承担部分数据处理任务，通常部署轻量级的机器学习或深度学习模型，采用网络剪枝、压缩、量化等技术来适应终端资源限制。

边缘智能层的角色是在靠近终端的位置部署计算和智能处理能力，通过边缘设备的协作提升计算效率，减小时延，支持实时服务。边缘智能层不仅继承了传统物联网的传输层和应用层功能，还增加了边缘协作、负载均衡、分布式学习等能力。从计算角度看，部分终端计算任务可以卸载到边缘计算节点；从智能处理角度看，由于终端资源和数据限制，通过边缘智能体群体协作和边缘协作深度模型分割，可以更有效地进行模型训练和推理任务。

云计算层为物联网应用服务提供广泛的支持，使 AIoT 应用可以在互联网上虚拟使用计算资源，展现出其灵活性、伸缩性和可靠性。这一层与传统物联网应用层中的云计算平台相似，能够处理来自广泛分布的物联网终端和边缘设备的实时数据流，并将其通过网络传输至远端的云中心进行集成、加工和存储。得益于海量的物联网数据和丰富的计算资源，云端可以训练和部署具有强大泛化能力的机器学习模型。

云边端协同的 AIoT 结构与传统物联网体系结构的感知层、网络层和应用层相比，智能终端层、边缘智能层和云计算层之间的计算任务分配更为动态。这种结构有效地减轻了云计算平台的数据处理压力，提升了数据处理效率。关键时刻，如需要实时响应和低时延时，系统依赖于更接近用户的边缘计算结构，而在需要高精确度的计算决策时，主要依靠云端服务器。在传统物联网中，物联网中间件平台主要基于云计算，物联网只是作为云计算的主要数据来源，如亚马逊的 AWS IoT、微软的 Azure IoT 等。而在 AIoT 中，物联网中间件基于云边端协同的新型结构，以数据和智能算法为核心。

AIoT 是一个"软硬件协同"的智能系统，在云边端协同的结构之上，软件平台同样是其核心组成部分。软件平台为设备与应用之间提供互操作性，集成不同的计算和通信设备，简化应用的开发过程，同时为运行在多种设备上的应用和服务提供互操作性，这通常以中间件形式呈现，例如微服务结构。

在智能物联网系统中，提供 AI 服务的过程包括数据收集与存储、数据分析与预处理、AI 模型训练、AI 模型部署与推理以及精度的监控和维护。AI 模型经过训练并封装后，用于提供 AI 推理服务，通常包括云端 AI、边缘 AI 和端侧 AI 这3 种形式。通过这种云-边-端 AI 功能的实现，可以在终端设备、边缘域或云中心利用 AI 对数据进行智能化分析，实现智能感知、智能连接和智能计算，增强物联网的感知、连接和计算能力，有效地支持各种智能物联网应用。

物联网操作系统是专门为物联网设备设计的系统软件，其主要功能是实现设备之间的互联互通，并确保数据能够在互联网上顺畅交流。为了兼容物联网环境中多样的硬件设备和操作系统，该软件平台必须考虑硬件的多样性。通过精心的结构设计，使软件平台具有足够的灵活性和伸缩性，从而能够轻松适配各种不同的硬件环境。例如，在 AIoT 应用场景中，物联网操作系统需要支持各类物联网通信协议，涵盖了包括 Wi-Fi、蓝牙在内的局域网连接技术，以及 NB-IoT、LoRa 等广域网连接技术，并包含 HTTP、MQTT、CoAP、WebSocket 等网络应用协议。物联网操作系统还应提供 AI 智能框架，以便集成常见的 AI 算法，并提供 Python 和 C++的编程接口。这种设计旨在屏蔽硬件间的差异，同时提供云连接、设备控制、多媒体处理、机器学习等多种功能，以支持智能物联网应用的开发。

7.2.6　基于实体-数据的物联网智能服务模型

实体-数据的物联网智能服务模型涉及实体、数据和服务这 3 个相对独立又相互关联的概念空间。实体空间代表或构成需要感知和控制的现实世界，包括物理实体和虚拟实体；数据空间通过实体感知或服务加工产生，可以反映实体状态及情景变化；服务空间包含一系列支持数据处理的功能，可以得到施加于实体的控制策略。从三元空间出发，将实体、数据和服务都作为顶层概念看待，定义一个有机联系的物联网智能服务概念体系。

在基于实体-数据的物联网智能服务模型中，将实体看作是现实世界的构成要素和数据产生的来源，并区分物理实体和虚拟实体两类概念；数据作为反映实体和现实世界状态的核心内容，包括原始数据（传感器采集的观察数据）、中间数据（融合形成的综合度量数据，即信息）和加工数据（通过分析处理得到的决策数据，即知识）；服务则通过数据处理全链条形成操作策略以施加于实体。三者之间的关系为服务依托实体提供，并支持数据共享和实体控制，是实体和数据对外表现的操作接口；实体产生数据，数据体现实体状态。另外，作为现实世界构成要素的实体，本身具备强烈的时空属性，由实体支撑的服务也从而获得了时空属性，产生的数据具备强烈的时间属性。

基于实体-数据的物联网服务三元模型借鉴了 SOA 的相关思想，将经典物联网系统组成结构中设备的感知功能以及云端的数据存储与数据分析功能抽象成相应的服务。物理实体对应着物端具有感知功能的设备，它是物理世界的构成要素，同时也是数据产生的来源。数据对象对应着在经典物联网系统组成结构中流转的数据，物理实体会产生原始数据，原始数据的汇总整合会产生中间数据，对中间数据进行处理分析会产生加工数据从而辅助决策。数据流转表现为：物端感知的数据经过网端数据通信存储到云端的数据存储层，并在云端进行数据分析，然后将分析结果提供给实际应用。

7.3 物联网智能服务编排与组合

7.3.1 智能服务编排

"缩小尺寸,丰富功能"是物联网设备的发展方向。这种趋势已在各行业、各领域都得到了广泛体现,例如智慧交通、智慧城市、智慧家庭等。实际交通环境中的智能化管理服务需要将大量基础服务进行组织和整合以构建满足需求的服务模块。复杂服务的构建不仅是基础服务的组合,同时还需要对服务进行扩展。

目前在技术层面,SOA 逐渐向微服务结构迁移[4]。技术的转变也推动了物联网服务结构和传统 Web 结构逐渐抛弃 SOA 而使用微服务。微服务虽然解决了 SOA 的缺陷,但同时也引入了新的问题。现阶段针对微服务结构编排的研究主要关注要点是服务质量、编排策略和编排调度优化。

(1)服务质量

服务质量的研究始终是优化服务调度的核心。为了在变化的环境中提供服务功能并达到服务质量的标准,研究人员已经提出了一些结构和策略。

Zatout 等[5]提出了一种能够监控和调整服务组合的方案。该方案的正确性由一组协作的组件来保证,它通过动态选择备选服务来解决服务组合过程中出现的问题。在面向计算的场景下,服务之间的协同互联能够提供计算的基础,但这种互联在动态场景下的复杂度会随着服务组合的增加逐渐飙升。Gupta 等[6]提出了一种混合方法,同时考虑局部和全局的服务质量优化。

由于动态情况下存在服务质量的不稳定性,目前针对该问题的研究主要是通过对服务执行过程中服务质量进行预测来寻找最优解决方案。有研究提出了一种基于不确定性服务质量感知的云服务组合时间序列模型,对服务质量数值变化情况进行衡量,并采用改进的遗传算法(T-GA)来寻找最优的服务质量解决方案,从而提高了收敛速度和优化性能[7]。

为了解决服务质量预测中由于数据稀疏导致的精度问题,Wu 等[8]提出了一种协同 QoS 预测方法,利用上下文敏感矩阵分解和基于邻域的方法将上下文因素结合到现有算法中，实现 QoS 的预测。该方法在服务质量数据稀少的情况下仍然具有较好的鲁棒性，能够大幅度提升预测准确性。

由于存在多种服务质量的判定指标，现有研究在指标上的要点主要是服务时间和传输时间以及服务窗口大小。服务优先级和等待队列长度等是判定服务传输能力的重要因素。由于在动态环境下服务的调整和编排会对性能产生影响，一些研究使用了基于代理的策略，将服务编码调整的任务交给代理，可以在保持服务功能的前提下明显减少运行服务所需的时间，提升服务的性能。

为了满足各种用户的不同性能需求，一些研究提出了差异化的服务配置策略。这些策略将不同的用户与各自的服务级别相对应，并据此确定服务响应时间。这种个性化的服务配置有助于为每位用户提供适合其需求的服务质量，从而提升用户满意度。

目前，有关服务质量的研究重点主要包括预测、服务质量感知和多目标约束优化等。在优化方面，研究者正在不断探索各种解决算法的结合方案，其中流行的方法之一是结合动态规划和其他算法以寻找最优的解决方案。这些方法可以根据不同的场景和需求，灵活地调整服务配置。而在预测方面，通常采用的方法包括利用已有数据构建数据集，然后应用机器学习方法或矩阵技术进行服务质量分析和预测。通过对历史数据的深入研究和分析，可以更准确地预测，从而改善服务性能和用户体验。总之，服务质量的研究领域正在不断发展，以适应不断变化的需求和技术，提供更高效、可靠和个性化的服务。

（2）编排策略

在微服务结构中，编排策略主要可以分为分布式调度和集中调度。分布式调度需要中控服务来协调内外服务的调用，中控服务的地位处于其他服务的上层。集中调度通过消息序列来控制服务之间的相互调用，在这种策略下，服务之间的地位都是相同的，不需要中控服务。由于服务调度的动态特性，目前的编排策略也有多种，根据不同需求选择、结合各种调度策略的侧重点也是关于服务调度的一个重要的研究点。在比较了这两种编排策略后，Cherrier 等[9]结合了中心化控制和分布式协调的优点，提出了一种混合编排策略，能够有效减少网络流量和功耗。

一些研究发现将多种技术结合起来可提升服务的性能效率。Wen 等[10]提出了一种基于雾计算的编排机制，在服务运行时利用雾节点收集数据并发往云端，运行遗传算法来提高寻找最优解的效率。服务响应时间也是判定服务编排策略优劣的重要指标，Chindenga 等[11]结合物联网、云计算、边缘计算和雾计算技术，提出了一种基于容器的编排机制，能够动态地将用户发来的请求卸载到边缘节点、雾节点和云端，确保请求能够及时响应。

在 5G 环境下，Santos 等[12]提出了一种雾计算的框架，用于管理和协调智慧城市应用中的无线网络，从而大幅降低网络带宽，并能在检测到异常样本时提供及时的报警。Taherizadeh 等[13]利用雾计算增强了网络的自主编排管理能力，提出了一种基于有限状态机的雾计算编排机制，能够有效提高性能并降低成本。

（3）编排调度优化

微服务调度包含两个层级，一个是服务层级的调度，即将每个用户请求分配到特定的微服务实例中；另一个是基础设施层级的调度，即将传入的微服务映射到物理或虚拟资源上。

针对基础设施层级的调度优化研究通常采用启发式算法寻找最优解。例如，马武彬等[14]结合 NSGA-Ⅲ和 MOEA/D 两种优化算法，提高了微服务多目标优化调度中计算和存储资源的利用率。在云计算服务方案中，赵宏伟等[15]基于云计算资源进行动态调度，利用神经网络和粒子群算法进行多目标资源分配的优化，以提高资源利用率并保证云应用的服务质量。

在资源调度伸缩性优化方面，Luong 等[16]提出了一种微服务预测自动缩放方案，该方案可以保证资源供需的平衡性。其通过自定义的配置预测时间跨度和服务质量性能精度，在调用服务之前实现自适应地调整服务和分配的资源。

在服务质量优化方面，Guerrero 等[17]提出了一种多云结构下的微服务容器编排策略。该策略采用改进的 NSGA-Ⅱ算法，成功降低了多云环境下的服务成本、容错恢复时间和网络时延。Kannan 等[18]则在动态变化的微服务环境中，通过估算微服务请求完成时间，驱动系统进行微服务批处理和重排序，以提高数据中心资源的利用率。

7.3.2　智能服务组合

作为新一代信息技术的关键组成部分，物联网已经被广泛地应用在各个领域。

物联网是互联网的扩展，将人与人、人与物、物与物之间的连接扩大到更广泛的范围。为了提供更智能化的物联网服务，满足用户的个性化需求，需要将多个物联网厂商的服务和数据整合成为一种更强大的组合服务开发模式。

目前，服务组合已经成为物联网、分布式计算和软件工程等领域中不可或缺的技术。国内外的研究学者已经进行了大量的研究工作，该领域的主要研究内容包括智能服务组合机制和智能服务组合技术等方面。

（1）智能服务组合机制

广义上，Web 服务组合包括服务发现、服务选择、服务组合和服务安全这4 个阶段。物联网智能服务同样如此，它需要能够根据用户需求，对封装了特定功能的现有服务进行动态组合和管理，同时能够自动发现和选择服务，以实现物联网服务的动态性和组合过程的自动化。因此，物联网智能服务组合机制需要从多个方面展开研究。

首先，需要研究有效的服务发现机制，使物联网中的服务能够被准确地发现和识别。这涉及服务注册、服务目录和服务描述等方面的技术。其次，需要探索有效的服务选择算法和策略，以便根据用户需求和约束条件，选择最适合的服务进行组合。这需要考虑服务的性能指标、质量要求、资源可用性等因素。接下来，需要研究高效的服务组合方法和技术，使不同服务能够协同工作，共同实现复杂的功能需求。这可能涉及服务协调、消息传递和数据交互等方面的技术。最后，需要关注物联网服务的安全性，研究服务安全机制和隐私保护策略，以确保在服务组合过程中的数据安全和用户隐私。

综上所述，物联网智能服务组合机制的研究应该从服务发现、服务选择、服务组合和服务安全等多个方面展开，以满足物联网智能服务的动态性和自动化组合的需求。

（2）智能服务组合技术

在面向服务组合建模问题上，国内外学者从 QoS 建模分析、服务规划索引、服务动态自适应等角度入手，提出了一些初步方案。然而，现有方案存在一些限制，特别是在处理 QoS 建模和分析方面。为了解决这个问题，肖芳雄等[19]提出了一种代价概率进程代数（Priced Probabilistic Process Algebra，PPPA），该代数具有统一建模和分析服务功能、服务概率和服务代价的能力。另外，Chai 等[20]提出了一个用于互操作性的应用层解决方案，该解决方案实现了设备功能的服务化，并协调共享各种设备以满足复杂的物联网需求任务。章振杰等[21]针对服务构建的动态适应性问题，构建了制造任务与制造服务动态匹配网络理论模型，以实现服务构建的动态调度。张明卫等[22]则致力于面向环境分析与建模，建立 EQ（Environment Query）规则库，以指导组合服务对实时产生的各类环境变化事件作出响应，实现运行时的自适应。

尽管上述方案初步解决了服务构建的动态性和各类环境自适应性的问题，但它们并未考虑物联网多层融合 QoS 指标的可用性和可信性。因此，在未来的研究中，需要进一步探索解决这些问题的方法和技术。

在面向服务组合方法的研究中，目前有两种主要方法：业务流程驱动的物联网服务组合和即时任务求解的物联网服务组合。

① 业务流程驱动的物联网服务组合

业务流程驱动的物联网服务组合方法基于工作流技术，以固定的业务流程模型为基础，引入了服务绑定、服务模板和逐步演化机制等技术，以提高业务驱动组合的灵活性。然而，在多域物联网中，这种组合方法存在两个问题。首先，由于物联网设备资源有限，节点设备的不稳定性以及网络环境的动态变化，预先绑定的服务可能无法可靠使用，缺乏必要的动态性和对异常情况的应变能力。其次，物联网服务提供结构下的业务流程通常具有柔性和多变性，很难在建模阶段确定具体的流程内容。

这种服务组合的目标是实现流程的自动化处理，是工作流技术和 Web 服务技术的结合产物。它以业务流程为基础，通过为每个流程环节选择和绑定 Web 服务来形成一个流程式的组合服务。因此，该组合的内部结构、服务之间的交互关系和数据流都受到业务流程的控制。组合过程通常描述为：首先使用建模工具手工创建业务流程模型，然后为每个活动从服务库中选择并绑定能执行该步骤任务的服务，并根据业务流程中的数据流设置服务之间的参数传递和参数映射。为提高业务流程的灵活性、容错性和动态性，有时会借助服务模板、服务社区等机制来实现服务的动态选择和运行时绑定。

② 即时任务求解的物联网服务组合

即时任务求解的物联网服务组合是指根据任务需求动态组装可信服务，以满足用户提交的即时任务需求。研究学者从约束满足、启发式搜索、图搜索等角度入手，实现即时任务求解的服务组合方法。例如，徐猛等[23]利用服务索引和增加图规划中的辅助节点构建服务模型，通过一次规划搜索即可找到满足用户 QoS 需求的 Top-K 个组合服务，解决了为大规模用户提供个性化需求服务的问题。然而，这些方案尚未考虑满足多个 QoS 需求的服务构建。此外，针对需要快速响应用户请求序列的问题，Xu 等[24]提出了一种新的启发式免疫算法，具有有效的编码和变异方法，解决了物联网服务组合收敛速度慢的问题。在图搜索的服务组合方面，Li 等[25]提出了一种语义索引图，基于该索引图采用高效的双向广度优先搜索策略来查找具有最少服务或最佳 QoS 值的解决方案，提高了服务组合效率，可更合理利用现有资源。

这类物联网服务组合旨在解决用户提交的即时任务。它根据任务的需求，即时从服务库中自动选择若干服务进行组合。与业务流程驱动的服务组合相比，即时任务求解的物联网服务组合不受业务流程逻辑的限制，组合过程高度自动化，形成的组合服务是临时联合体。一旦用户任务完成，这个临时联合体也解散。因此，即时任务求解的物联网服务组合常用于一次性问题求解，如一次服务的联合计算、一次用户出行设计和行程安排等。该组合过程建立在服务和用户目标的形式化表达基础上，通过任务规划、逻辑推理和搜索匹配等方法来实现。

7.4 物联网智能服务安全

7.4.1 概述

智能物联网领域面临着一系列的挑战，重点在标准化、安全性和生态合作方面，解决这些挑战是实现智能物联网健康发展的关键。在标准化方面，智能物联网涉及多个领域和技术，缺乏统一的标准会带来设备之间的不兼容性、互操作性问题，导致市场混乱，因此，建立全球性、跨行业的标准化体系非常重要。各个行业和领域的主要参与者应积极合作，制定统一的技术标准和规范，以确保智能物联网系统的互联互通；安全性也是智能物联网领域的一个重要问题，由于物联网设备的数量庞大、分布广泛，很多设备安全性防护措施不足，容易受到恶意攻击。解决这个问题需要在设计和制造阶段考虑设备的安全性，采用加密、认证和访问控制等技术来确保数据和通信的安全。此外，也需要建立监管机制和法规，加强对物联网设备和数据的保护；在生态合作方面，虽然网络化合作可以促进智能物联网的商业化应用，但也可能导致标准和规范的不足。建立开放性的合作平台和生态系统有助于推动创新和合作，但需要确保平台的安全性、互操作性和可持续发展。

解决智能物联网领域的标准化、安全性和生态合作问题，需要行业各方的共同努力和合作，包括政府、企业、研究机构等，以确保智能物联网能够持续健康发展，为社会带来更多的价值和便利。此外，还需要加强产学研各方的合作，推动技术创新和知识共享，以推进智能物联网的标准化和规范化进程。通过建立开放的合作平台，促进各利益相关方的协作和交流，我们可以共同应对智能物联网领域的挑战，加速行业发展，确保智能物联网系统的安全性、可靠性和互操作性，为人们创造更安全、高效和智能的生活环境。

大规模物联网系统由海量且异构的微服务构成，提供无处不在的服务。物联网服务的差异化特征以及服务规模的爆发式增长使在物联网系统中治理海量异构微服务的交互成为一项复杂任务。对于目前的物联网体系结构，还缺少一个基础框架用来连接、控制和保护广泛而精细分布的物联网微服务。本节内容聚焦于面向物联网的服务网格结构设计及其微服务安全通信方法研究，通过构建以微服务和服务代理为基本单元的网格化物联网体系结构，解决物联网海量异构微服务的管理和安全通信需求。

7.4.2　物联网智能服务结构总体设计

面向服务的物联网网格结构旨在构建以服务和服务代理为基本构建单元的物联网，在实现一致性微服务方案的同时充分发挥在云边端部署微服务的优势。结构中相互连接的代理组成了网格化的服务治理网络，用来连接、保护、控制和观测广泛而精细分布的微服务，将服务间的通信管理与部署的微服务解耦，使开发人员只需关注微服务本身的核心功能，而不是服务发现和安全通信等服务治理的一些公共关注点。广泛而精细分布的微服务在代理的组织下互联互通，使物联网系统可以整合云边端、连接、应用、业务，提供物联网服务。

在层级结构上，物联网服务网格结构分为边缘设备层、边缘云层、云计算中心层和基础设施层，其基础设施层从功能逻辑上分为数据平面和管理控制平面。在构建方式上，系统由不同功能的微服务与微服务代理构成。

服务网格结构创建了一个专用的基础设施层，其数据平面用于将服务间通信管理与部署的微服务解耦。服务网格基础设施层结构如图 7-5 所示。数据平面是由一组相互连接的智能代理组成的网格化分布式通信网络。这些代理负责转换、传输和观察进出微服务实例的每个网络数据包，即微服务之间的通信通过代理进行。这使数据平面可以协调进出微服务的流量，控制并保护微服务之间的所有网络通信，收集报告微服务网络中的流量信息。具体而言，数据平面中的代理为物联网微服务提供动态服务发现、TLS 装卸载、认证授权与加密、协议转换、健康检查与指标监控、故障注入测试等服务管理功能。在部署方式上，这些代理在云计算中心可部署为 Sidecar 模式，在物联网边缘计算节点中可部署为集中式代理模式，也能部署在网络的边界作为网关。控制平面负责对所有的微服务代理进行集中式配置管理，实现对服务发现、通信路由、限流熔断、安全策略等相关配置信息的下发。

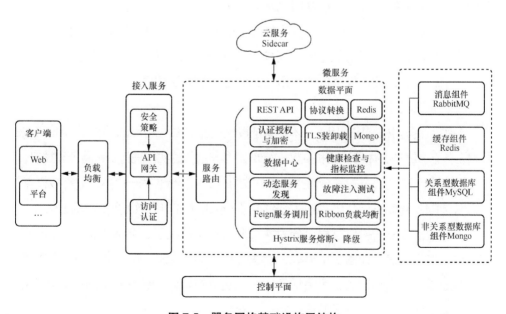

图 7-5　服务网格基础设施层结构

7.4.3 物联网智能服务安全通信方法

（1）安全通信需求

在面向物联网的服务网格结构中微服务由"云–边–端"3 个层面的异构服务组成，并在结构中引入了基于服务代理的基础设施层。这要求设计新的安全解决方案，而不是直接采用在互联网上广泛使用的 TLS/SSL 套件方案。

物联网服务网格结构中微服务的安全需求和资源可用性各异，除了在大型服务器中运行微服务，大量微服务还需要在资源受限和间歇性连接的设备中运行。物联网海量的通信流量要求安全解决方案具有良好的可伸缩性，如支持一对多的通信（广播或发布订阅模式）来应对物联网数据流量的增加、支持部署更多安全代理实例来应对物联网设备或服务的规模化扩展。而传统微服务间通信基于 TLS，这在物联网场景下存在许多适用性问题。例如，在 TLS 中，非对称密钥操作的高计算性能要求以及大证书传输这些特点不适用于资源受限的物联网场景下设备或微服务的通信；点到点连接的客户端/服务器模型不能扩展到一对多的通信方式；使用的证书包含一个唯一值，可能会暴露身份，导致对隐私的潜在威胁；大量证书的管理、及时撤销方面对物联网也是一个重大挑战。

满足物联网服务网格结构中异构微服务的安全通信需求，需要提供和 TLS 相当的安全保障，实现对通信方的访问控制，降低边缘设备中的微服务实体通信的能量开销，提高认证授权服务的可用性，保证通信方法的可伸缩性。

（2）方法概述

物联网服务网格结构使用一个本地认证授权代理（称之为 Auth 代理或 Auth）来处理设备下微服务实体的认证和授权。Auth 对参与通信的实体进行身份验证和授权，分发轻量级会话密钥，并控制会话密钥的有效期。虽然 Auth 作为一个本地局部授权点，但它也与其他 Auth 进行交互，进而控制在不同 Auth 中注册的微服务实体的通信。

安全通信方法的操作过程可分为 4 个阶段：实体注册、会话密钥分发、通信初始化、安全通信，如图 7-6 所示。新添加的实体必须注册到一个 Auth。注册后的实体通过会话密钥请求获得会话密钥，经通信初始化后进行安全通信。客户端和服务端下面的虚线描述了通信初始化和安全通信的时间线。

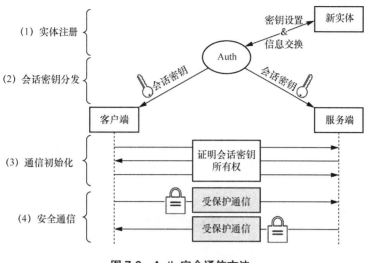

图 7-6　Auth 安全通信方法

实体（Entity）：连接到网络中的任何需要被认证和授权的微服务，既可以是设备中需要安全通信的微服务程序，也可以是服务网格结构中的代理模型。每个实体都有一个唯一的标识符和用于安全通信的加密密钥。

认证授权代理（Auth）：是物联网服务网格结构中的代理模型，对局域网络中微服务实体进行认证授权。Auth 维护和管理数据库表来存储实体的信息。

客户端（Client）：发起通信的微服务实体。

服务端（Server）：接收通信请求的微服务实体。

会话密钥（Session Key）：用于保护单个通信会话的对称密钥。只有经过授权的实体才能接收到有效的会话密钥，因此实体可以通过证明会话密钥的所有权来证明它是经过授权的。每个会话密钥被分配唯一的 ID 和有效期限。

分发密钥（Distribution Key）：用于加密会话密钥的对称密钥，即包装密钥。

公钥和私钥（Public Key and Private Key）：非对称密钥对的公钥和私钥组件。

在云端数据智能处理平台进行数据统计分析来满足应用程序使用的同时需要防止用户隐私信息泄露。同态加密的数据进行处理后得到一个输出，将这一输出进行解密，其结果可确保与用同一方法处理未加密的原始数据所得到的输出一样。部分同态加密算法对加密数据进行的处理十分有限，全同态加密算法效率还有待提高。有研究人员提出可以根据应用程序对数据的用途以及数据的敏感程度不同，对原始数据采用不同的处理方法。例如，为了防止心率等医疗数据被篡改可采用 Hash 算法，为了统计用户的用电量而不泄露其具体信息则可采用同态加密算法，对于不需要计算的隐私数据可采用数据混淆的方法。

由于云服务器会保存大量的用户数据，云服务数据的存储、审计与恢复以及共享都需要更多的安全措施来保护。利用区块链技术实现物联网设备匿名共享的方法值得学习与借鉴。此外，物联网设备数目的增多将使 DDoS 攻击的规模大幅提升，云端服务器还需要提高抵御 DDoS 攻击的能力。

参考文献

[1] 杨昭, 南琳, 高嵩. 面向物联网的海量数据处理研究[J]. 机械设计与制造, 2012(3): 229-231.

[2] 屈军锁, 朱志祥. 可运营管理的通用物联网体系结构研究[J]. 西安邮电学院学报, 2010, 15(6): 68-72.

[3] 张立. 多域物联网服务提供结构及组合方法研究与实现[D]. 西安: 西安电子科技大学, 2019.

[4] 刘卓凡. 物联网环境下基于 QoS 的服务动态编排策略研究[D]. 重庆: 重庆邮电大学, 2021.

[5] ZATOUT S, BERKANE M L, BOUFAIDA M. An architecture dedicated to dynamic adaptation for services orchestration[C]//Proceedings of the 2018 8th International Conference on Computer Science and Information Technology (CSIT). Piscataway: IEEE Press, 2018: 219-224.

[6] GUPTA R, KAMAL R, SUMAN U. Q-DWSO: hybrid approach for QoS-aware dynamic Web services orchestration[J]. International Journal of Web Engineering and Technology, 2018, 13(1): 30.

[7] 王思臣. 基于不确定 QoS 感知的服务组合方法研究[D]. 合肥: 安徽大学, 2019.

[8] WU H, YUE K, LI B, et al. Collaborative QoS prediction with context-sensitive matrix factorization[J]. Future Generation Computer Systems, 2018(82): 669-678.

[9] CHERRIER S, LANGAR R. Services organisation in IoT: mixing orchestration and choreography[C]//Proceedings of the 2018 Global Information Infrastructure and Networking Symposium (GIIS). Piscataway: IEEE Press, 2018: 1-4.

[10] WEN Z Y, YANG R Y, GARRAGHAN P, et al. Fog orchestration for Internet of Things services[J]. IEEE Internet Computing, 2017, 21(2): 16-24.

[11] CHINDENGA E, SCOTT M S, GURAJENA C. Semantics based service orchestration in IoT[C]//Proceedings of the South African Institute of Computer Scientists and Information Technologists. New York: ACM Press, 2017: 1-7.

[12] SANTOS J, WAUTERS T, VOLCKAERT B, et al. Fog computing: enabling the management and orchestration of smart city applications in 5G networks[J]. Entropy, 2017, 20(1): 4.

[13] TAHERIZADEH S, STANKOVSKI V, GROBELNIK M. A capillary computing architecture for dynamic Internet of Things: orchestration of microservices from edge devices to fog and cloud providers[J]. Sensors, 2018, 18(9): 2938.

[14] 马武彬, 王锐, 王威超, 等. 基于进化多目标优化的微服务组合部署与调度策略[J]. 系统工程与电子技术, 2020, 42(1): 90-100.

[15] 赵宏伟, 申德荣, 田力威. 云计算环境下资源需求预测与调度方法的研究[J]. 小型微型计算机系统, 2016, 37(4): 659-663.

[16] LUONG D H, THIEU H T, OUTTAGARTS A, et al. Predictive autoscaling orchestration for cloud-native telecom microservices[C]//Proceedings of the 2018 IEEE 5G World Forum (5GWF). Piscataway: IEEE Press, 2018: 153-158.

[17] GUERRERO C, LERA I, JUIZ C. Resource optimization of container orchestration: a case study in multi-cloud microservices-based applications[J]. The Journal of Supercomputing, 2018, 74(7): 2956-2983.

[18] KANNAN R S, SUBRAMANIAN L, RAJU A, et al. GrandSLAm: guaranteeing SLAs for jobs in microservices execution frameworks[C]//Proceedings of the Fourteenth EuroSys Conference. New York: ACM Press, 2019: 1-16.

[19] 肖芳雄, 黄志球, 曹子宁, 等. Web 服务组合功能与 QoS 的形式化统一建模和分析[J]. 软件学报, 2011, 22(11): 2698-2715.

[20] CHAI Z Y, DU M M, SONG G Z. A fast energy-centered and QoS-aware service composition approach for Internet of Things[J]. Applied Soft Computing, 2021, 100: 106914.

[21] 章振杰, 张元鸣, 徐雪松, 等. 基于动态匹配网络的制造服务组合自适应方法[J]. 软件学报, 2018, 29(11): 3355-3373.

[22] 张明卫. 基于执行信息的组合服务优化选取方法研究[D]. 沈阳: 东北大学, 2011.

[23] 徐猛, 崔立真, 李庆忠. 基于扩展图规划的 Top-K 服务组合方法研究[J]. 电子学报, 2012, 40(7): 1404-1409.

[24] XU J Y, REIFF-MARGANIEC S. Towards heuristic Web services composition using immune algorithm[C]//Proceedings of the 2008 IEEE International Conference on Web Services. Piscataway: IEEE Press, 2008: 238-245.

[25] LI J, FAN G D, ZHU M, et al. Pre-joined semantic indexing graph for QoS-aware service composition[C]//Proceedings of the 2019 IEEE International Conference on Web Services (ICWS). Piscataway: IEEE Press, 2019: 116-120.

第 8 章

面向智能服务的物联网协议设计

8.1 物联网协议智能能力

物联网在多个行业有广泛的应用，不同的场景需要不同的网络服务，具备不同的数据特征，也需要不同的数据处理方法。因此，物联网协议必须具有智能性，才能够支撑不同应用场景之间的数据交互和处理需求。物联网协议智能需要具备的能力如下。

（1）上下文感知能力

上下文感知是普适计算的重要技术，通过人与计算设备不断进行透明性的交互，普适系统获取与用户需求相关的上下文信息来确认为用户提供什么样的服务，其主要涉及的问题包括：上下文信息的获取、上下文信息的融合和上下文信息的处理。

物联网协议应具备上下文感知能力，能够感知设备所处的环境和上下文信息，例如温度、湿度、光照强度、空气质量等。通过收集环境数据和用户行为信息，协议可以根据上下文信息智能地调整服务策略和响应，从而更好地理解当前的工作环境和用户需求，提供个性化的服务。例如，在智能健康监测系统中，协议可以根据用户的运动习惯和生理指标，推荐适合的健身方案或提醒用户合适的运动时间。另外，上下文感知能力还使物联网协议能够实现智能决策和优化。通过感知设备所处的场景和环境，协议可以根据预设的策略自动进行决策和调整。例如，在智能交通管理系统中，协议可以感知交通流量、车辆位置和速度，以智能调度交通信号灯，优化交通流畅度和减少拥堵。

（2）自适应能力

自适应能力指物联网系统可以自动调整其表现、功能等，以适应环境变化或用户需要的能力，帮助设备和系统更好地适应不同的用户需求和网络环境。

在物联网中，设备的种类非常多，通信协议各不相同。同时，物联网设备在不同的地方部署，网络环境千差万别。为了解决这些问题，物联网需要具备自适应能力。

首先，自适应可以提高设备的兼容性，通过自适应技术，物联网可以自动分析设备之间的通信协议，使用户在使用物联网时可以更方便地连接各种设备，提高物联网的可用性。

其次，自适应还可以提高网络的可靠性，网络环境的差异性会影响通信效率。自适应的物联网协议中，网络可以自动调整其传输方式，使得物联网的传输速度和质量更加稳定，从而提高了物联网的实用性。

此外，自适应还可以提高物联网的安全性。通过动态地调整其加密和认证方案，从而更好地保护通信数据的安全。总之，自适应能力是物联网协议发展的必然趋势。只有在实现自适应的基础上，物联网才能更好地为用户提供各种服务和应用，真正实现智能化和自动化。

（3）学习和优化能力

学习和优化能力可以通过机器学习和数据挖掘等技术实现。机器学习是计算机系统一种自动学习和改进的技术，它通过模仿人类的学习行为，获取新的知识或技能，重新组织已有的知识结构使之不断改善自身的性能。

在协议设计中，机器学习可以通过训练模型来对数据进行学习和分析。通过对大量数据的学习，协议可以掌握数据中的模式和趋势，从而提供更准确和精细的智能服务。协议还可以利用机器学习算法来对传感器数据进行分类、聚类和预测，以实现更高效的环境监测和资源管理；优化技术则可以帮助协议在面对复杂的决策问题时找到最优的解决方案。通过运用优化算法和技术，协议可以根据特定的目标函数和约束条件进行决策优化。例如，在智能交通管理系统中，协议可以利用优化算法来优化交通信号灯的配时方案，以最大限度地减少交通拥堵和行程时间。通过不断学习和优化，协议可以逐渐改善决策质量，提供更高效和可持续的服务。优化技术还可以应用于资源调度和分配问题。例如，在智能能源管理系统中，协议可以利用优化技术来优化能源的供需平衡，以最大限度地减少能源消耗和成本。机器学习和优化技术还可以与协议的自适应性相结合，使协议能够根据实时的环境和用户反馈，动态调整算法的参数和权重，以适应不同的应用场景和需求。这种自适应性可以使协议在不同的环境和使用情境下实现最佳性能和效果。例如，在智能农业系统中，协议可以根据土壤湿度、气象数据和作物需求，自适应地调整灌溉策略的参数，以达到最佳的作物生长效果。

基于机器学习和优化算法对大量数据的学习和分析，可使物联网协议具备学习和优化能力，不断改进自身的决策能力和服务质量。

（4）推理和决策能力

推理和决策能力是指能够根据收集到的数据和规则进行逻辑推理和智能决策。通过推理和决策，协议可以实现智能场景控制和服务优化。

推理能力使协议能够根据已有的知识和规则进行逻辑推断和推理。通过分析和处理收集到的数据，协议可以从中提取有用的信息，并与预先设定的规则进行匹配和推理。这种推理能力使协议能够从数据中推断出隐藏的关联性和规律，并做出相应的决策。例如，通过分析传感器数据和环境参数，协议可以推断当前的交通状况，并相应地调整智能交通信号灯的配时策略，以优化交通流。

决策能力使协议能够基于推理结果和预定义的目标进行智能决策。协议可以根据收集到的数据和推理的结果，结合预先设定的目标和约束条件，进行决策和选择最优的行动方案。例如，在智能家居系统中，协议可以基于用户的需求、能源消耗和成本效益等因素，决策是否打开或关闭家庭设备，以实现智能能源管理和节能优化。

综上所述，推理和决策能力使物联网协议能够进行逻辑推理和智能决策，从而实现智能场景控制和服务优化。这种能力使协议更加智能化和灵活，能够根据不同的情境和需求做出个性化的决策，提高服务的质量和效率。随着物联网技术的不断发展和应用，推理和决策能力将成为协议设计中不可或缺的重要组成部分，为智能化生活和工作提供更优秀的体验和效果。

8.2　面向服务场景的协议功能

面向服务的物联网协议是一种针对物联网应用的通信协议，它采用以服务为中心的设计思路，实现设备和服务之间的可操作性，满足应用场景下服务可重用性、易维护性、可用性、可靠性和可扩展性的需求。一般需要在协议设计时考虑以下功能：服务发现与描述机制、服务编排和组合机制、数据交互和共享机制、服务安全和隐私保护、服务质量保证、服务管理和治理机制等。

8.2.1　服务发现和描述机制

服务发现和描述机制是指设备能够主动宣告自身提供的服务，并提供详细的服务描述和接口信息。方便其他设备和应用可以根据描述选择并使用相应的服务。

服务发现机制允许设备能够主动公布自身提供的服务，使其他设备和应用程序能够发现并与之交互。通过服务发现，设备可以广播或注册所能提供的服务，并通知其他设备和应用程序其可用性。例如，一个智能家居设备可以宣告能提供的灯光控制服务，以便其他设备或应用程序能够找到并与之交互。服务发现机制可以基于多种通信协议和技术，如广播、多播、域名系统（DNS）等，以确保服务能够在网络中被及时发现。

服务描述机制允许设备详细描述其提供的服务和相关的接口信息。通过服务描述，提供关于服务的名称、功能、输入输出参数、支持的协议和接口以及通信方式等详细信息，以便其他设备和应用程序能够理解、选择和使用该服务。服务描述通常采用标准化的格式和语言，如万维网服务描述语言（Web Service Description Language，WSDL）、Swagger、资源描述框架（Resource Description Framework，RDF）等，以确保描述的一致性和互操作性。

服务发现和描述机制可在物联网应用程序开发方面发挥重要作用。

（1）促进设备互操作性

通过服务发现和描述机制，设备能够清晰地宣告和描述其提供的服务，使其他设备和应用程序能够根据描述选择并使用适当的服务，从而实现设备之间的互操作性。

（2）提供灵活的服务集成

通过服务发现和描述机制，协议为其他设备和应用程序提供统一的接入点，不同厂商的设备和应用程序可以基于标准化的服务描述进行集成，从而实现各种服务的灵活集成和组合。例如，一个智能家居中心可以根据各个设备提供的服务描述，动态地选择和组合不同设备的功能，以满足用户的需求。

（3）提升系统的可扩展性

通过服务发现和描述机制，设备能够灵活地公布其提供的服务，而不需要事先固定连接和配置。这使系统能够自动适应新设备的接入，提升系统的可扩展性和灵活性。新设备只需要宣告其提供的服务，并提供相应的服务描述，即可与现有系统进行集成。

（4）支持动态服务管理

通过服务发现和描述机制，设备能够动态地注册、注销和更新其提供的服务。这意味着设备可以根据实际情况动态调整可用服务的列表和状态，从而实现动态的服务管理。例如，当设备不再提供某个服务时，可以注销该服务的注册信息，使其他设备和应用程序及时感知到。

8.2.2　服务编排和组合机制

服务编排和组合机制是指通过不同的服务协同工作，实现更复杂的功能和场景。通过在协议中定义服务之间的关联和依赖关系，协议可以实现服务的动态组合和协同执行。

服务编排是指将多个独立的服务按照特定的流程和规则组织起来，形成一个整体的执行序列。它可以定义服务之间的先后顺序、条件判断、分支和循环等逻辑，以实现特定的功能需求。服务编排可以基于不同的编排模型，如流程图、状态机、规则引擎等，来描述和控制服务的执行流程。通过协议支持的服务编排机制，设备和应用程序可以动态地定义并调整服务之间的执行顺序和逻辑，以适应不同的应用场景和需求。

服务组合是指将多个不同的服务组合在一起，形成一个更高层次的服务或功能。服务组合可以通过定义服务之间的关联和依赖关系，实现服务之间的数据交换、事件触发和协同执行。例如，一个智能家居系统可以将温度传感器、灯控制器和窗帘控制器等服务组合在一起，实现根据温度变化自动调节灯光和窗帘的功能。通过协议支持的服务组合机制，不同的设备和应用程序可以根据需求将各种服务进行灵活组合，以实现更复杂的功能。

服务编排和组合机制在协议中能起到以下作用。

（1）提供灵活的功能扩展

通过服务编排和组合机制，设备和应用程序可以将现有的服务组合成新的功能，而不需要修改原有的服务实现。这样可以实现功能的动态扩展和增强，提供更丰富的服务和用户体验。

（2）实现复杂场景下业务流程

服务编排和组合机制使设备和应用程序能够按照特定的逻辑和流程组织并执行服务。这使复杂场景下的业务流程可以得到简化和自动化处理，提高系统的智能化和效率。

（3）支持服务的自治和自适应性

通过服务编排和组合机制，可以定义服务之间的关联和依赖关系，使服务能够自主地进行协同工作。每个服务可以根据自身的状态和条件进行判断和决策，从而实现服务的自治和自适应性。

（4）促进服务的复用和共享

通过服务编排和组合机制，不同的服务可以被多次复用和共享，以实现不同的功能和场景。这样可以减少服务的重复开发和维护成本，提高系统的可扩展性和可维护性。

8.2.3　数据交互和共享机制

数据交互和共享机制可提高信息资源的利用率，保证系统之间的互联互通，完成数据的抽取、集中、加载、展现，构造统一的数据处理和交换。数据交互和共享通过定义标准的数据格式和接口实现，使不同设备和服务之间能完成数据交换和共享，促进跨设备的智能服务集成并支持服务之间的数据交互和共享。

数据交互是指在不同设备和服务之间进行数据传递和交换。设备和服务通常会生成和处理各种数据，如传感器数据、状态信息、用户输入等。数据交互协议定义了数据的格式、传输方式、协议约定等，以确保设备和服务之间能够有效地交换数据。例如，常见的数据交互协议超文本传送协议（Hypertext Transfer Protocol，HTTP），它定义了数据的传输方式和规范，使不同设备和服务可以通过互联网进行数据交互。

数据共享是指在设备和服务之间共享数据资源，使多个设备和服务能够共同访问和利用数据。通过数据共享，设备和服务可以获取其他设备和服务提供的数据，以增强自身的功能和智能化能力。数据共享协议定义了数据的权限控制、访问方式、共享规则等，以确保数据的安全性和合规性。例如，OAuth（Open Authorization）是一种常用的数据共享协议，它提供了一种安全的授权机制，使设备和服务可以安全地访问和共享数据资源。

数据交互和共享协议在实现智能服务集成中具有以下优势。

（1）实现跨设备的智能服务集成

通过定义标准的数据格式和接口，数据交互和共享协议使不同设备和服务能够相互交换和共享数据。这样，设备和服务可以通过获取和利用其他设备和服务提供的数据，实现更复杂、更智能的功能和场景。

（2）提供数据的一致性和互操作性

数据交互和共享协议定义了数据的格式和规范，使不同设备和服务之间可以理解和解释数据。这确保了数据在不同设备和服务之间的一致性和互操作性，避免了数据的语义和解释差异导致的问题。

（3）支持数据的安全和隐私

数据交互和共享协议可以定义数据的权限控制和访问机制，以确保数据的安全性和隐私保护。通过合适的身份验证和授权机制，协议可以限制对敏感数据的访问，并确保数据的机密性和完整性。

（4）促进创新和生态系统发展

数据交互和共享协议为不同设备和服务之间的数据交互和共享提供标准化的方式和接口。这降低了集成的门槛，促进了创新和生态系统的发展。设备制造商和服务提供商可以基于协议定义的接口和规范，开发并提供更多的智能服务，从而丰富用户体验和价值。

8.2.4　服务安全和隐私保护

物联网服务不可避免会涉及用户数据和隐私，协议应具备服务安全和隐私保护的机制，可以支持数据加密、身份认证和访问控制等安全措施，确保服务的安全性和用户隐私。以下是协议可以采取的一些安全措施。

（1）数据加密

协议支持数据的加密传输和存储，以保护数据的机密性。通过使用加密算法和密钥管理机制，可以确保数据在传输和存储过程中的保密性，防止未经授权的访问和数据泄露。

（2）身份认证

协议支持身份认证机制，确保服务的提供者和使用者的身份合法和可信。常见的身份认证方式包括用户名密码、数字证书、令牌等。通过身份认证，可以防止未经授权的访问和防范恶意攻击。

（3）访问控制

协议可以定义细粒度的访问控制策略，限制对服务和数据的访问权限。访问控制机制可以基于用户身份、角色、权限等进行管理，确保只有经过授权的用户才能访问和使用服务及相关数据。

（4）安全传输协议

协议采用安全传输协议，以保护数据在传输过程中的安全性。安全传输协议使用加密通道来传输数据，防止数据被窃听和篡改。

（5）安全审计和监控

协议定义安全审计和监控机制，记录并监控服务的使用和访问情况。安全审计和监控可以帮助检测和识别安全漏洞和异常行为，并及时采取相应的措施进行应对。

（6）隐私保护

协议需要考虑用户隐私的保护，遵循相关的隐私法规和政策。协议可以明确规定用户数据的收集、使用和共享规则，确保用户在使用服务时的隐私权益得到保护。这可以包括匿名化、脱敏化、数据保留期限等措施。

（7）安全更新和漏洞修复

协议设计应考虑安全更新和漏洞修复的机制。及时修补协议中的安全漏洞，并提供安全更新的途径，以保证协议的安全性和可信度。

8.2.5　服务质量保证

服务质量保证物联网服务的可靠性和性能，协议通过实时监控和管理服务，采取相应措施对服务进行优化和调整，确保用户得到所需的服务。服务质量保证协议可以采取的机制和措施如下。

（1）服务等级协定

服务等级协定（Service Level Agreement，SLA）是服务提供商和客户之间所达成的一种协议，用于明确服务的质量和性能指标，并约定双方对于服务水平的责任和义务。SLA 规定了服务的关键指标、性能、可用性、响应时间、容量等方面的要求，以及故障处理和恢复时间、服务支持和维护等方面的要求。通过 SLA，服务提供商和消费者之间建立明确的责任和承诺关系，确保服务的可靠性和性能。

（2）监测和测量机制

协议需要制定监测和测量服务质量的机制，包括定义关键绩效指标（Key Performance Index，KPI），如响应时间、吞吐量、可用性等。监测机制实时收集和分析服务的性能数据，测量机制评估服务的质量水平，并与 SLA 中的要求进行对比。

（3）报告和通知机制

协议规定服务提供商向消费者提供定期或实时的服务质量报告。报告包括服务的关键指标和性能数据，以及与 SLA 中规定的要求进行对比。在服务质量下降或无法达到 SLA 要求时，协议须及时通知消费者，并采取相应的纠正措施。

（4）问题解决和故障恢复机制

协议需要定义服务的问题解决和故障恢复机制，包括及时响应和解决用户的问题和投诉，以及在服务发生故障或中断时进行快速恢复和修复。协议还需要规定服务提供商在故障发生时的响应时间和解决时间，以及相应的补偿措施。

（5）性能优化和调整

协议需要规定服务提供商在服务质量下降或无法满足 SLA 要求时所采取的优化和调整措施，包括增加资源、优化算法、改进网络结构等。通过持续的性能优化和调整，服务提供商可以确保服务的稳定性和性能的持续改进。

（6）服务质量回馈和改进机制

协议需要设立服务质量回馈和改进机制，以便消费者提供对服务质量的反馈和建议，包括定期的用户满意度调查、问题报告和改进建议的收集。通过用户的反馈和建议，服务提供商可以及时调整和改进服务，以满足用户的需求和期望。

8.2.6　服务管理和治理机制

服务管理和治理机制包括服务注册、发现、监测和管理等。通过统一的服务管理平台和机制，协议可以实现服务的集中管理和治理，保障服务的可用性和稳定性。服务管理和治理可以采取的一些机制和措施如下。

（1）服务注册和发现

协议可以定义服务注册和发现机制，使服务提供者能够将其服务注册到统一的服务管理平台，并使服务消费者能够发现和访问这些服务。服务注册和发现机制可以基于标准化的服务描述和元数据，包括服务接口、功能、版本、依赖关系等信息。

（2）服务监测和健康状态管理

协议可以规定服务监测和健康状态管理机制，以实时监测和管理服务的运行状态。包括监测服务的可用性、性能、负载、错误率等指标，并及时发出警报或通知，以便采取相应的措施进行调整和修复。

（3）服务安全和访问控制

协议可以支持服务安全和访问控制机制，以确保只有经过授权的用户才能够访问和使用服务。包括身份认证、授权、访问控制列表等安全措施，以防止未经授权的访问并保护服务的安全性。

（4）服务版本管理和迁移

协议可以定义服务版本管理和迁移机制，以支持服务的演进和升级。包括服务版本的管理、发布、回滚等操作，以及在服务迁移过程中的兼容性和无缝切换策略。

（5）服务质量管理

协议可以规定服务质量管理机制，以确保服务的质量和性能。包括定义 SLA、监测服务质量指标、报告和通知服务质量等方面的要求。

（6）故障处理和恢复机制

协议可以规定故障处理和恢复机制，以应对服务故障和中断的情况。包括故障诊断、故障恢复、备份和容灾等措施，以确保服务的连续性和可靠性。

（7）可扩展性和弹性管理

协议可以支持服务的可扩展性和弹性管理机制，以满足不断增长的需求和负载。包括自动伸缩、负载均衡、资源管理等策略，以提供高可用性和高性能的服务。

上述 7 项面向智能服务的物联网功能的描述都是面向服务场景的物联网协议需要在设计时考虑的内容，通过这几项功能的实现，可以设计出具有上下文感知、自适应、学习和优化、推理和决策等智能能力的协议，更好地满足面向智能服务的物联网应用的需求。

8.3 物联网协议智能化评估

随着物联网技术的不断发展，物联网智能化成为物联网发展的重要方向。物联网协议可以理解为物联网设备间通信的规则和方式，其智能化性能决定了协议的适用范围和性能。如何对物联网的智能性进行评估可从以下几个方面着手进行。

8.3.1 用户行为分析

用户行为分析是提高物联网应用效果和用户体验的重要途径。通过对用户行为数据的统计和分析，结合机器学习和数据挖掘技术，可以深入了解用户的偏好、行为模式和需求，从而提供个性化的服务和产品。实现物联网应用的优化和创新，提升用户体验。

首先，通过收集和分析用户的行为数据，可以揭示用户在物联网环境中的使用习惯、偏好和行为模式。这些数据包含了用户与物联网设备的交互记录、设备使用频率、操作步骤等。通过对这些数据进行统计和分析，可以发现用户的使用模式和行为规律，进而了解用户对物联网协议所提供服务的需求和期望。

其次，应用机器学习和数据挖掘技术，可以对用户行为数据进行进一步的挖掘和分析。通过构建预测模型、聚类分析、关联规则挖掘等方法，可以从用户行为数据中提取有用的信息和知识。例如，可以通过机器学习算法预测用户下一步的操作意图，或者通过聚类分析将用户分群，从而为不同用户提供个性化的服务。

用户行为分析还可以帮助评估物联网协议的个性化能力。通过分析用户行为数据，可以评估协议是否能够根据用户的个性化需求和偏好，提供相应的智能服务。例如，当用户在智能家居系统中调节室内温度时，协议能否自动学习用户的习惯并提供个性化的温度调节方案。

此外，用户行为分析还可以评估协议在智能决策方面的效果。通过分析用户的行为数据和决策结果，可以评估协议在智能决策过程中的准确性和效果。例如，在智能交通系统中，协议需要根据用户的出行需求和交通状况，做出智能的路线规划和交通调度决策。通过分析用户的行为数据和决策结果，可以评估协议在路线规划和交通调度方面的智能性能。

总的来说，用户行为分析在物联网协议智能化中起到了重要的作用。通过对用户行为数据的统计和分析，结合机器学习和数据挖掘技术，可以深入了解用户的偏好、行为模式和需求，为协议的改进和优化提供有力的支持，从而提高协议的智能性能和用户体验，推动物联网智能服务的创新和发展。

8.3.2　智能算法评估

智能算法评估在物联网协议的智能性评估中扮演着关键的角色。通过使用评估指标和基准数据集来评估协议所使用的智能算法性能，可以客观地衡量算法的准确性、鲁棒性和效果。

智能算法评估需要选择合适的评估指标。常用的评估指标包括精确度、召回率、F1 值等。精确度衡量算法在识别和分类任务中的准确性，召回率衡量算法对真实案例的识别能力，而 F1 值综合考虑精确度和召回率。此外，还可以使用 ROC 曲线、AUC 值等指标来评估算法在不同阈值下的性能。

评估过程需要使用基准数据集。基准数据集是一组已知标签的数据，用于评估算法的性能。在物联网协议的智能性评估中，可以使用真实世界的数据集，也可使用仿真生成的数据集。基准数据集应该具有代表性，涵盖各种典型场景和使用情况的数据，以确保评估的全面性和准确性。

智能算法评估还可以通过与其他先进算法的比较进行。通过与同类算法或者具有相似功能的算法进行比较，可以了解协议中使用的智能算法在同类问题上的优势和劣势。比较可以基于相同的评估指标进行，从而直观地了解不同算法之间的性能差异。

此外，还可以结合交叉验证和集成学习等技术来提高评估的鲁棒性和可靠性。交叉验证可以将数据集划分为训练集和测试集，并多次进行评估，从而减少评估结果的随机性。集成学习可以将多个智能算法的预测结果进行融合，以提高整体的预测性能和稳定性。

为了提高评估的科技化程度，可以采用自动化和大规模化的评估方法。例如，可以使用自动化测试框架和工具来执行评估，减少人工操作的需求，提高评估的效率和可靠性。同时，可以利用云计算和分布式计算技术，将评估扩展到大规模数据集和复杂场景，以便全面地评估算法的性能。

总的来说，智能算法评估在物联网协议的智能性评估中具有重要意义。通过选择合适的评估指标、使用基准数据集以及与其他先进算法进行比较，并采用自动化和大规模化的评估方法，可以全面、客观地评估协议中所应用的智能算法性能。

8.3.3　仿真模拟实验

仿真模拟实验可以帮助评估协议在复杂、动态环境中的自适应性、响应能力和决策能力。但仿真模拟实验需要搭建仿真模型和仿真环境，以模拟不同场景下的物联网系统，有多个因素需要考虑。

仿真模拟实验需要建立合适的仿真模型和仿真环境。仿真模型是对物联网系统的抽象和描述，可以包括物联网设备、传感器、网络通信等要素。仿真环境则是模拟真实世界的场景和条件，包括环境变化、用户行为、设备互动等。通过构建逼真的仿真模型和仿真环境，可以在虚拟情景下进行协议性能的模拟和测试。

仿真模拟实验需要模拟不同场景下的物联网系统。物联网系统往往面临复杂、动态的环境，包括不确定的传感器数据、网络时延、设备故障等。通过在仿真环境中引入这些场景，可以模拟真实世界中存在的各种挑战和情况，从而评估协议的自适应性和鲁棒性。例如，在智慧城市中，可以模拟交通拥堵、能源管理等场景，评估协议在应对这些复杂情况时的智能决策能力。

仿真模拟实验还可以对协议的智能性能进行定量和定性的评估。通过设定评估指标和收集仿真数据，可以量化评估协议的性能，如响应时间、资源利用率等。同时，观察协议在不同情景下的行为和决策是否符合预期，可以对协议进行定性的评估，揭示协议的优势和改进空间，指导协议的优化和设计。

此外，仿真模拟实验还可以进行大规模、重复性的测试。在真实物联网系统中进行测试往往面临成本高、资源有限的问题。而在仿真环境中，可以轻松地进行大规模实验，并重复执行多次，以获取更准确、可靠的评估结果。这样的测试可以提供更全面、全局的视角，帮助发现潜在问题和优化方案。

最后，仿真模拟实验为协议的设计和改进提供了重要的参考和验证手段。通过在仿真环境中进行实验，可以在系统投入实际应用之前对协议的性能进行评估，并发现潜在的问题和改进点。这有助于降低协议在真实环境中使用时出现的风险和成本，并提高协议的可靠性和智能性能。

综上所述，仿真模拟实验在物联网协议的智能性评估中具有重要意义。通过建立仿真模型和仿真环境，模拟不同场景下的物联网系统，并对协议的自适应性、响应能力和决策能力进行模拟和测试，可以评估协议的智能性能。仿真模拟实验具有可控性、可重复性，可以提供全面、准确的评估结果，并为协议的设计和改进提供重要的参考和验证。通过仿真模拟实验，可以更好地理解协议在不同场景下的表现，发现问题并提出解决方案，推动物联网协议的智能化发展。同时，随着仿真技术的不断创新和发展，未来的仿真模拟实验将更加精细化和真实化，为物联网协议的智能性评估提供更强大的工具和支持。

8.3.4 大数据分析

应用大数据技术和分析工具,对物联网协议产生的海量数据进行分析和挖掘,可以揭示隐藏在数据中的智能模式、关联规则和趋势,帮助评估协议的智能性能,并发现优化服务的潜力。

大数据分析需要有合适的大数据技术和分析工具。随着物联网的快速发展,物联网协议产生的数据呈现爆炸式增长,并具有多样性和复杂性。因此,需要借助大数据技术和工具,如分布式存储系统、大数据处理框架和机器学习算法等,来处理和分析这些海量数据。这些工具和技术可以帮助提高数据处理和分析的效率,揭示数据中的智能模式和规律。

大数据分析可以揭示数据中的智能模式、关联规则和趋势。通过对物联网协议产生的大量数据进行分析,可以发现其中的隐藏模式和规律。例如,可以通过数据挖掘技术来识别用户行为模式,分析设备之间的关联关系,发现不同参数之间的相关性等。这些智能模式和规律对于评估协议的智能性能和优化服务具有重要意义。通过了解数据中的智能模式和规律,可以发现协议的潜在问题和改进点,并提供智能化服务的优化方案。

此外,大数据分析还可以通过数据驱动的方式进行协议性能评估。传统的协议评估方法往往基于理论模型和假设,而大数据分析可以基于物联网协议产生的真实数据进行评估。通过收集和分析大规模的真实数据,可以直接评估协议在实际环境中的性能和效果。这种数据驱动的评估方法可以更准确地了解协议的实际表现,避免理论模型和实际应用之间的差距。

大数据分析还可以用于预测和趋势分析。通过分析历史数据和当前数据,可以预测未来的趋势和发展方向。例如,可以通过对设备故障数据的分析,预测设备未来的故障概率,以便及时采取维护和修复措施。此外,可以通过对用户行为数据的分析,预测用户的需求和偏好,提前调整服务策略。这样的预测和趋势分析可以为协议的改进和优化提供指导,提高智能服务的质量和用户满意度。

大数据分析的方法包括数据收集、清洗、存储、处理和分析等步骤。首先,需要收集物联网协议产生的大量数据,这些数据可以来自传感器、设备、用户行为等多个来源。接下来，需要对数据进行清洗和预处理，去除噪声、处理缺失值，并将数据转换为可分析的格式。然后，需要选择合适的大数据存储系统，如分布式数据库或数据湖，以便高效地存储和管理数据。在数据准备就绪后，可以利用大数据处理框架，如 Hadoop、Spark 等，进行数据处理和分析。这些框架提供了并行计算和分布式处理的能力，可以处理大规模数据集。最后，可以应用各种数据分析技术，如统计分析、机器学习、数据挖掘等，对数据进行探索和挖掘，以发现其中的智能模式、关联规则和趋势。

大数据分析在物联网协议智能性评估中的应用多种多样。首先，可以通过分析设备和传感器数据，了解设备的运行状况、数据质量和性能指标，评估协议的可靠性和效率。例如，可以分析设备的工作时间、故障率、传输速率等指标，以评估协议在不同设备上的表现。其次，可以通过分析用户行为数据，了解用户的需求和偏好，评估协议的个性化和智能化程度。例如，可以分析用户的使用习惯、点击行为、偏好选择等数据，以评估协议的用户体验和个性化推荐能力。此外，还可以通过分析网络通信数据，评估协议在网络拥塞、链路质量等条件下的性能和鲁棒性。通过这些分析，可以发现协议的潜在问题、改进点和优化方案，进一步提高协议的智能性能和用户满意度。

总之，大数据分析在物联网协议的智能性评估中具有重要的作用。利用大数据技术和分析工具，对物联网协议产生的海量数据进行分析和挖掘，可以揭示隐藏在数据中的智能模式、关联规则和趋势。在应用层面，大数据分析可以通过对设备数据、用户行为数据和网络通信数据的分析，评估协议的可靠性、个性化和鲁棒性。大数据分析为协议的改进和优化提供了重要的依据和指导，推动了物联网协议的智能化发展。

8.3.5　智能仿真平台构建

智能仿真平台可以模拟物联网协议在多设备、多场景下的智能服务过程，并通过实际操作和测试来评估协议的性能。智能仿真平台在评估物联网协议的智能性能、资源利用效率和系统稳定性方面发挥着重要的作用。

首先，构建智能仿真平台需要考虑多设备和多场景的模拟。物联网协议往往涉及多个设备之间的通信和协作，以及在不同场景下提供智能服务。因此，智能仿真平台需要能够模拟多设备之间的通信和交互，并支持不同场景的模拟。这涉及选择合适的仿真工具和仿真环境，如网络仿真工具、传感器模拟器等，以模拟真实的物联网环境。同时，还需要考虑设备和场景的多样性和复杂性，以保证仿真结果的准确性和可靠性。

其次，智能仿真平台可以通过实际操作和测试来评估协议的智能性能。通过在仿真平台中模拟物联网协议的运行过程，可以收集大量的仿真数据，并对这些数据进行分析和评估。例如，可以评估协议在多设备通信时的时延和吞吐量，评估协议在不同场景下的稳定性和可靠性。通过实际操作和测试，可以更真实地了解协议的性能，并发现其中的潜在问题和改进空间。这种基于仿真平台的评估方法可以避免在真实环境中进行大规模测试所带来的成本和风险。

智能仿真平台的应用还包括评估协议的资源利用效率。物联网协议的智能服务通常涉及对资源的使用和管理，如网络带宽、存储容量、计算资源等。通过在仿真平台中模拟协议的运行过程，可以评估协议在资源利用方面的效率。例如，可以评估协议在多设备通信时所消耗的网络带宽和存储空间，评估协议在不同场景下的计算资源需求。通过评估资源利用效率，可以发现资源瓶颈和优化方案，提高协议的资源利用效率和系统性能。

最后，智能仿真平台还可以用于评估协议的系统稳定性。物联网协议的智能服务往往需要具备高度的稳定性和可靠性，以保证系统的正常运行。通过在仿真平台中模拟协议的运行过程，并引入各种故障场景和异常情况，可以评估协议在不同情况下的鲁棒性和容错能力。例如，可以模拟设备故障、网络中断等情况，评估协议在这些情况下的恢复能力和系统稳定性。通过评估系统稳定性，可以发现潜在的故障点和改进方案，提高协议的系统鲁棒性和可靠性。

综上所述，智能仿真平台在评估物联网协议的智能性能、资源利用效率和系统稳定性方面具有重要意义。通过构建智能仿真平台，可以模拟多设备、多场景下的智能服务过程，并通过实际操作和测试来评估协议的性能。智能仿真平台的应用包括评估协议在多设备通信时的时延和吞吐量、评估协议在不同场景下的稳定性和可靠性、评估协议的资源利用效率，以及评估协议的系统稳定性。这些评估结果可以为协议的改进和优化提供指导，提高物联网系统的性能和可靠性。

8.3.6　智能质量评估框架

智能质量评估框架能够综合考虑协议的可靠性、可用性、安全性和可扩展性等关键指标。通过量化分析和评估，该框架可以对协议的智能性能和整体质量水平进行客观衡量。

首先，智能质量评估框架的构建需要考虑多个关键指标。可靠性是评估协议是否能够在不同环境和条件下提供稳定和可靠服务的能力；可用性是评估协议是否易于使用、操作和管理的能力；安全性是评估协议是否能够保护通信数据的机密性、完整性和可用性的能力；可扩展性是评估协议是否能够适应不断增长的设备数量和复杂性的能力。除了这些关键指标，还可以考虑其他指标，如性能效率、功耗等，以全面评估协议的质量。

其次，智能质量评估框架需要具备量化分析和评估的能力。量化分析可以通过收集和测量各项指标的数据来对协议的性能进行客观分析。例如，可以通过监测协议的错误率、传输时延、响应时间等来评估其可靠性和性能效率。评估可以基于事先定义的评估标准和指标体系，将收集到的数据进行综合分析和比较，得出关于协议质量的定量评估结果。这种量化分析和评估的方法可以提供客观的评估结果，帮助决策者更好地了解协议的质量水平。

智能质量评估框架的应用还包括对协议的智能性能和整体质量水平进行评估。通过量化分析和评估，可以得出关于协议在可靠性、可用性、安全性和可扩展性等方面的评估结果。例如，在可靠性评估中，可以通过收集协议在不同场景和条件下的错误率数据，来评估协议的稳定性和可靠性。在可用性评估中，可以通过用户调查和实际操作测试，评估协议的易用性和用户满意度。在安全性评估中，可以通过漏洞扫描和安全测试，评估协议的安全性能和抵抗攻击的能力。在可扩展性评估中，可以通过模拟大规模设备和流量的场景，评估协议的扩展性和性能表现。

智能质量评估框架的优势在于它能够综合考虑多个关键指标，不仅可以评估协议在单个方面的性能，还可以对协议的整体质量进行综合评估。这有助于发现协议中的潜在问题和改进空间，并为协议的优化提供指导。通过量化分析和评估，可以获得客观的评估结果，有助于决策者做出明智的决策。此外，智能质量评估框架还可以为不同协议之间的比较提供依据，帮助选择最适合特定应用场景的协议。

智能质量评估框架可以对物联网协议智能性进行评估，从数据驱动、模拟实验和智能分析等角度全面评估协议的智能性。这些评估方法将为物联网协议智能化设计和优化提供有力支持，推动智能服务的创新和发展。

第 9 章

展望

　　物联网的发展旨在实现万物互联，构建一个智能化、互联互通的世界。未来可能会出现兆亿级的物联网设备与终端，通过软件与平台的集成、系统化模块的应用以及智能化技术的赋能，实现全面的物联网接入。不仅包括已经联网的计算机、智能手机等数十亿个互联网设备终端，还涵盖了家庭居住、建筑人居、农业、工业、服务业和智慧城市等各个领域的广泛应用场景。在这个愈加智能化的未来，家庭的每个角落、社区的每个角落，甚至是城市的每个角落，都将与物联网紧密相连。

　　在这个充满智能化终端设备的物联网世界中，我们将目睹惊人的连接规模，包括家居中的家具、家电、环境控制系统，建筑中的楼宇设备、安全系统，农田中的农业传感器、智能灌溉系统，工厂中的智能生产线、物料管理系统，服务业中的智能商店、智能酒店等。不仅如此，人类、动植物等一切生命体之间都将通过智能化感知设备的融入，实现与物联网密切连接。这个愿景将以物联网技术、人工智能技术和由二者融合所带来的智能物联网应用技术进一步发展为基础，让我们逐步迈入物联网、智能化时代。

　　然而，物联网的发展并不止步于此。随着量子技术的深入研究和商业化应用不断发展，后续将会进入量子时代，其中量子计算机的海量运算能力和量子通信技术的高速传输能力将为兆亿级规模的智能物联网系统带来更大规模、更广范围的商业化应用。这将为人类社会带来前所未有的变革和发展机遇。

　　未来物联网协议技术将不断发展和演进，以适应日益复杂和多样化的物联网应用场景，包括与 5G 和边缘计算的结合、与大数据分析处理能力的结合，需要具备更强大的安全和隐私保护机制、多协议标准化和互操作性以满足智慧城市和工业物联网的需求。标准化组织、技术创新和行业合作将在推动物联网协议技术的发展和应用方面发挥着重要作用。随着技术的不断进步和应用的广泛推广，物联网将为我们创造更智能、便捷和高效的生活和工作环境。

9.1　物联网协议存在的问题

在物联网技术发展的同时，物联网协议技术也在不断发展和演进中，为实现智能化、连接化的未来世界提供了关键支持。然而，随着物联网设备的爆炸式增长，这些技术也暴露出了一系列问题。

（1）标准化和监管问题

物联网协议技术的标准化和监管相对薄弱，导致市场上存在各种各样的标准和规范，缺乏统一的标准和监管机制，这给了一些不法分子可乘之机。为了解决这一问题，需要加强物联网协议技术的标准化工作。行业应共同努力，制定统一的物联网协议和技术标准，推动设备的互操作性和数据交换。同时，政府和相关机构应加强对物联网市场的监管力度，建立完善的标准和规范体系，打击不法行为，保护消费者权益。

（2）能耗和功耗管理问题

部分物联网协议技术可能存在能耗过高或者功耗管理不够有效的问题，这影响了设备的持续运行和整体可靠性。为了解决这一问题，需要优化物联网设备的功耗管理。包括采用低功耗设计、能量收集技术以及高效的通信协议等。通过这些措施，可以降低设备的能耗和功耗，延长设备的续航时间，提高设备的可靠性和稳定性。

（3）数据隐私和安全问题

大量的个人信息和敏感数据在物联网设备之间进行传输和存储，因此需要更加严格的数据隐私保护和安全机制来确保用户隐私和数据的安全性。为了解决这一问题，必须加强数据隐私保护的法律法规建设。政府应制定严格的法律法规，明确数据的所有权、用户同意以及数据使用的规范。同时，企业应建立完善的数据安全管理制度和技术防护手段，以确保用户数据的安全性和隐私性。部分物联网设备的安全防护相对薄弱，容易受到黑客的攻击，这不仅可能导致用户的隐私泄露，还可能引发重大的信息安全问题。为了解决这一问题，必须加强物联网设备的安全防护能力。这包括采用先进的加密技术、安全协议和访问控制机制，以确保数据的机密性和完整性。同时，应提高设备的自我保护能力，以防止恶意攻击和未经授权的访问。

（4）可扩展性和互操作性挑战

随着物联网领域的不断扩展，确保不同制造商的各种设备之间实现无缝通信和数据交换的复杂性日益增加。缺乏标准化协议可能会导致兼容性问题，从而阻碍构建统一、互连的物联网生态系统。为了解决这一问题，行业应致力于制定统一的物联网协议和技术标准。通过推动标准化工作，可以实现不同设备之间的互操作性和数据交换，进而构建功能完善的物联网生态系统。同时，应强化设备的可扩展性设计，以适应不断增长的需求并降低设备的复杂性和成本。尽管物联网设备种类繁多，且不同设备可能采用不同的通信协议和技术标准，但解决设备间兼容性问题的关键仍在于推动物联网协议技术的标准化。行业应致力于制定统一的物联网协议和技术标准，以实现不同制造商的各种设备之间的无缝通信和数据交换。

（5）实时性和可靠性挑战

在自动驾驶汽车和工业自动化等实时应用中，可靠性和低时延至关重要。为了解决这一问题，需要优化物联网设备的通信协议和数据处理能力。通过采用高效的数据压缩技术和低时延通信协议，可以减少数据传输和处理的时间，提高设备的实时性和可靠性。同时，加强设备的故障检测和恢复能力也是提高可靠性的关键措施。

9.2 未来物联网协议发展方向

9.2.1 标准化和互操作性

物联网平台的标准化和互操作性是推动物联网生态系统发展和设备互联互通

的关键因素。标准化有助于确保不同厂商的设备和平台之间可以进行无缝集成和互操作，从而实现设备间的互联互通。

标准化机构和组织在制定物联网平台标准方面发挥着重要作用。例如，物联网领域的标准化组织包括国际标准化组织（ISO）、物联网联盟（IoT Alliance）、物联网协会（IoT Consortium）等。这些组织致力于制定统一的物联网标准，涵盖设备通信协议、数据格式、安全机制、云平台接口等方面。

物联网平台标准化的好处之一是促进设备的互操作性。通过遵循相同的标准，不同厂商的设备可以在相互连接和交互时实现兼容性。这意味着用户可以选择最适合其需求的设备和平台，而不必担心互操作性问题。标准化还有助于降低设备集成和开发的成本，加快创新和市场推广的速度。

此外，物联网平台的互操作性也可以通过开放的接口和协议来实现。开放接口使不同平台和设备可以进行集成和通信，实现数据的交换和共享。常见的开放接口包括 RESTful API 等。通过使用这些开放的接口，物联网平台可以与其他系统和服务进行集成，实现更广泛的功能和应用。

总之，物联网平台的标准化和互操作性对于推动物联网的发展和应用至关重要。通过制定统一的标准，促进设备的互操作性，可以实现设备间的互联互通，加速物联网生态系统的成熟和普及。同时，开放的接口和协议也为平台集成和扩展提供了灵活性和可行性，促进了更广泛的创新和应用场景的实现。

9.2.2 大数据处理和分析能力

大数据处理和分析能力在物联网平台中扮演着重要角色，它们有助于从海量的物联网设备数据中提取有价值的信息和洞察，并支持更智能化和优化的决策。

大数据处理能力是指平台能够有效地处理和管理大规模的数据。物联网设备生成的数据量庞大且不断增长，因此平台需要具备高吞吐量和低时延的数据处理能力。这包括数据采集、存储、传输等环节的高效处理，确保数据的完整性和一致性。同时，平台还应支持实时数据处理和流式处理，以便及时发现和响应重要事件和异常情况。

大数据分析能力是指平台能够对物联网设备数据进行深入分析和挖掘，从中获取有用的信息和洞察。这包括数据挖掘、机器学习、统计分析和预测建模等技术的应用。通过大数据分析，平台可以发现隐藏在数据背后的模式、趋势和关联，帮助用户做出更准确的决策和预测。例如，基于历史数据的分析，可以预测设备的故障和维护需求，提高设备的可靠性和效率。

大数据处理和分析能力还需要与数据可视化和报告结合，以便将分析结果以直观和易懂的方式呈现给用户。数据可视化可以通过图表、仪表盘和报告等形式展示数据分析的结果，帮助用户更好地理解和利用数据。

综上所述，大数据处理和分析能力对于物联网平台至关重要。它们能够支持平台从海量的设备数据中提取有价值的信息，帮助用户做出智能化决策和优化控制。这些能力不仅需要高效的数据处理和管理，还需要应用先进的分析算法和技术，并结合数据可视化和报告，以帮助用户挖掘物联网数据的潜力。

9.2.3　边缘计算和 5G 的结合

边缘计算和 5G 对物联网平台产生了深远的影响，为物联网应用带来了更高效、低时延和可靠的连接和处理能力。

边缘计算是一种将计算和数据处理推向网络边缘的技术，通过在离用户和设备更近的位置进行数据处理和决策，减少数据传输时延和网络拥塞。在物联网中，边缘计算使设备可以在本地进行实时数据处理、分析和响应，减少对云端的依赖。这样可以提高实时性和响应性，支持更快速的决策和控制。此外，边缘计算还有助于降低数据传输成本和隐私风险，将数据处理和存储放在本地，减少对云端的数据传输。边缘计算和边缘智能技术的发展将对物联网协议技术产生深远影响。物联网协议技术需要适应边缘计算结构，提供低时延、高效能的通信机制。同时，边缘智能技术的发展将使物联网设备具备更强大的数据分析和决策能力，物联网协议技术需要支持边缘智能算法和模型的部署和交互。

5G 技术作为下一代移动通信技术，提供了更高的带宽、更低的时延和更大的连接密度，这为物联网应用提供了更可靠和高效的通信基础。随着 5G 网络的商用化推进，物联网协议技术将得到进一步的加强和发展。物联网协议技术将与 5G 技术紧密结合，实现更高效、可靠的物联网通信。5G 的高带宽和低时延特性使大量的物联网设备可以实时传输大量的数据，并支持实时的视频监控、远程控制和虚拟现实等应用。同时，5G 的连接密度也支持了大规模的设备互联，实现了物联网设备之间的高效通信和协作。

边缘计算和 5G 的结合使物联网平台能够更好地应对大规模设备连接和高速数据处理的需求。边缘计算将计算和处理能力推向网络边缘，解决了传统云计算模式下的时延和带宽限制问题。而 5G 技术提供了高速、稳定的无线连接，支持大规模设备的实时通信和数据传输。这样，物联网平台可以更好地满足实时性、可靠性和安全性等方面的需求，支持更广泛的物联网应用场景。

总而言之，边缘计算和 5G 的结合为物联网平台带来了巨大的影响。它们提供了更高效、低时延和可靠的连接和处理能力，支持物联网设备的实时数据处理、分析和响应。这将推动物联网应用的创新和发展，促进智能化和优化控制的实现。

9.2.4　人工智能和机器学习的整合

人工智能和机器学习的整合对物联网平台具有重要意义，它们为物联网应用提供了智能化的决策和预测能力，进一步增强了设备和系统的自主性和智能化。

人工智能是一种模拟人类智能的技术，而机器学习是人工智能的一个重要分支，通过训练模型从数据中学习知识和规律，并进行预测和决策。在物联网平台中，机器学习可以通过分析和挖掘大量的设备数据，自动发现数据中的模式、趋势和关联，并根据这些模式进行智能决策。

机器学习在物联网平台中可以用于实时数据分析和决策。通过训练模型，平台可以实时监测和分析设备数据，并根据数据的变化和趋势做出智能决策。例如，基于机器学习的预测模型可以预测设备故障和维护需求，帮助优化设备的维护计划和资源分配。

机器学习可以用于物联网平台设备和系统的优化控制。通过学习设备行为和环境变化的模式，平台可以自动调整设备的操作参数和控制策略，实现能效优化和资源的智能调度。例如，智能照明系统可以根据用户的行为和环境条件自动调整照明亮度和时间，以节省能源和提供更舒适的体验。

机器学习可以用于物联网平台数据安全和隐私保护。通过学习设备数据的模式和异常行为，平台可以检测和预防潜在的安全威胁和数据泄露风险。机器学习模型可以识别异常数据流量、恶意攻击和异常设备行为，并采取相应的安全措施保护系统的安全性和隐私性。

综上所述，人工智能和机器学习的整合对物联网平台具有重要意义。它们为平台提供了智能化的决策和预测能力，支持实时数据分析和优化控制。通过机器学习，平台可以从大量的设备数据中学习和提取有价值的信息，实现智能决策、优化控制和安全保护。这将推动物联网应用的智能化发展，提升系统的自主性和智能化水平。

9.2.5　安全性和隐私问题的解决

在物联网平台中，安全性和隐私问题是必须重视和解决的关键挑战。为了确保物联网系统和用户数据的安全性和隐私保护，可以采取多种措施和技术。

第一，建立强大的身份验证和访问控制机制是确保物联网平台安全性的基础。通过使用安全的身份验证方法，如双因素认证、令牌和加密证书，可以验证设备和用户的身份，并控制其对系统和数据的访问权限。此外，采用细粒度的访问控制策略，确保只有经授权的实体才可以访问特定数据和功能，从而减少潜在的安全风险。

第二，加密技术在保护物联网系统的数据传输和存储中起着重要作用。通过使用加密算法，可以对敏感数据进行加密，确保数据在传输和存储过程中不被未授权的实体访问或篡改。此外，端到端的加密可以保护数据在设备之间的安全传输，防止中间人攻击和窃听。

第三，安全监测和威胁检测是确保物联网平台安全性的关键措施。实施安全监测系统，可以检测和响应潜在的安全威胁和攻击事件。通过使用入侵检测系统（IDS）和入侵防御系统（IPS），可以实时监测网络流量和设备行为，识别异常活动并采取相应的防御措施。

第四，隐私保护是物联网平台中不可忽视的问题。为了保护用户的隐私，可以采取数据匿名化和脱敏技术，以减少敏感信息的泄露风险。同时，制定明确的隐私政策，告知用户数据收集和使用的目的，并提供用户对其数据的控制权和选择权。

第五，定期的安全评估和漏洞修复是确保物联网平台安全性的重要措施。通过定期进行安全评估，及时发现和修复系统中的漏洞，以防止潜在的安全威胁和攻击。

总而言之，为了确保物联网平台的安全性和隐私保护，需要采取综合的措施和技术。这包括建立强大的身份验证和访问控制机制、使用加密技术保护数据传输和存储、实施安全监测和威胁检测、采取隐私保护措施以及进行定期的安全评估和漏洞修复。这样可以最大限度地降低潜在的安全风险和隐私泄露风险，确保物联网平台的安全可靠运行。物联网涉及多种不同类型的设备和应用场景，因此，多协议互操作性是物联网协议技术发展的关键要素。未来的物联网协议技术将致力于实现设备之间的无缝连接和互操作，使不同厂商的设备能够相互通信和交互。标准化组织和开放协议将在实现多协议互操作性方面发挥重要的推动作用。

9.2.6　智慧城市和工业物联网

智慧城市和工业物联网是物联网应用的重要领域。未来的物联网协议技术将需要适应智慧城市和工业物联网的需求，提供支持大规模设备管理和数据传输的能力。同时，物联网协议技术将与城市基础设施和工业系统的集成紧密结合，实现智能化的城市运营和工业生产。

智慧城市中物联网技术发展的七大趋势如下。

一是交通拥堵传感器。智能交通系统使用物联网传感器来检测交通模式中的拥堵和瓶颈。同样依靠摄像机来实现速度提升和交通违规取证，这些设备收集可由城市公共交通导向型发展（Transit-Oriented-Development，TOD）使用的恒定数据，智能交通系统可在此基础上开发应用程序。

二是桥梁检查系统。传感器会监测桥梁的结构稳固性，并将任何问题通知城市工程师，难以到达的桥梁区域也可用无人机采集数据，输入智慧桥梁检查系统的应用程序中，工程师可以迅速找到位置来解决问题。该系统完全符合非破坏性测试标准，因此也可在建筑物的监测中使用，提供对建筑物健康状况的连续监控。这些传感器不能代替传统的检查，而是可以作为预警系统，以便地方当局或资产所有者可以预期并安排现场检查和维护工作。

三是废弃物管理传感器。使用 IoT Smart 技术是清洁城市的最佳方法。废弃物管理传感器可检测城市周围的垃圾量，以便环卫工人清洁其路线中的垃圾。通过安装传感器和智能监控系统，垃圾桶可以自动识别垃圾，并自动打包和清理垃圾桶，这能够降低垃圾处理的成本和人力资源的需求，并减少城市中的垃圾污染。

四是照明传感器。现代智能照明系统基于发光二极管（LED）技术，涉及先进的技术驱动器。现在，照明系统正与 IoT 相结合，当需要借助 IoT 的应用程序更换灯泡时，会自动将通信请求发送到公共工程部。

五是火灾探测。传感器可部署于易于着火的娱乐场所和植被茂密区域，出现火灾后网络会发出警报给附近的紧急服务。物联网系统的远程监控和诊断功能可帮助消防员提前了解人员和火场的情况，报告位置。

六是停车传感器。基于物联网的智能停车系统可以告知驾驶员哪里有停车位，系统通过在线或移动应用程序发送有关空闲和已占用停车位的数据。每个停车位都有物联网设备，包括传感器和微控制器，用户可收到有关所有停车位供应的实时更新。

七是用水和废水监测。在城市水处理中的物联网可在水系统中各个位置安装传感器，这些传感器从各个地方收集数据，并将其发送回监视系统。启用 IoT 的智能水传感器可以跟踪水的质量和温度。物联网还可以在泄漏检测中发挥作用，并发送即时警报。

总之，更多地采用物联网智能技术有助于城市基础设施建设，打造智慧城市。

工业物联网的技术发展方向如下。

一是终端智能化。工业控制系统的开放逐渐扩大，底层传感器设备向着微型化和智能化的方向发展，更好地为工业控制系统服务。

二是连接泛在化。工业控制通信网络经历了现场总线、工业以太网和工业无线等多种工业通信网络技术，将监控设备与系统，生产现场的各种传感器、执行器、伺服驱动器、运动控制器、工业机器人和成套生产线等生产装备连接起来。

三是计算边缘化。数据不用再传到遥远的云端，在边缘端即可进行处理，更适合实时的数据分析和智能化处理，具有安全、快捷、易于管理等优势，能更好地支撑本地业务的实时智能化处理与执行。

四是网络扁平化。工业物联网的体系结构正在简化，系统性能得到进一步提升的同时降低了软件维护成本。建立网络扁平化技术体系，实现对生产制造的实时控制、精确管理和科学决策。

工业物联网技术的应用提升了生产线过程检测、生产设备监控、材料消耗监测的能力和水平，生产过程中的智能监控、智能控制、智能决策、智能修复的水平不断提高，从而实现了对工业生产过程中加工产品的参数、温度等环境因素的实时监控，提高了产品质量，优化了生产工艺流程，为企业的发展注入了新的活力。